U0745868

中华文化风采录

美好生活品质

高雅的茶道

徐雯茜 编著

北方妇女儿童出版社

·长春·

版权所有　侵权必究

图书在版编目(CIP)数据

高雅的茶道 / 徐雯茜编著. —长春：北方妇女
儿童出版社，2017.5（2022.8重印）
　（美好生活品质）
　ISBN 978-7-5585-1082-3

　Ⅰ．①高… Ⅱ．①徐… Ⅲ．①茶道－介绍－中
国 Ⅳ．①TS971.21

中国版本图书馆CIP数据核字(2017)第100760号

高雅的茶道

GAOYA DE CHADAO

出 版 人	师晓晖	
责任编辑	吴　桐	
开　　本	700mm×1000mm　1/16	
印　　张	6	
字　　数	85千字	
版　　次	2017年5月第1版	
印　　次	2022年8月第3次印刷	
印　　刷	永清县晔盛亚胶印有限公司	
出　　版	北方妇女儿童出版社	
发　　行	北方妇女儿童出版社	
地　　址	长春市福祉大路5788号	
电　　话	总编办：0431-81629600	
定　　价	36.00元	

习近平总书记说："提高国家文化软实力，要努力展示中华文化独特魅力。在5000多年文明发展进程中，中华民族创造了博大精深的灿烂文化，要使中华民族最基本的文化基因与当代文化相适应、与现代社会相协调，以人们喜闻乐见、具有广泛参与性的方式推广开来，把跨越时空、超越国度、富有永恒魅力、具有当代价值的文化精神弘扬起来，把继承传统优秀文化又弘扬时代精神、立足本国又面向世界的当代中国文化创新成果传播出去。"

为此，党和政府十分重视优秀的先进的文化建设，特别是随着经济的腾飞，提出了中华文化伟大复兴的号召。当然，要实现中华文化伟大复兴，首先要站在传统文化前沿，薪火相传，一脉相承，弘扬和发展5000多年来优秀的、光明的、先进的、科学的、文明的和自豪的文化，融合古今中外一切文化精华，构建具有中国特色的现代民族文化，向世界和未来展示中华民族具有独特魅力的文化风采。

中华文化就是中华民族及其祖先所创造的、为中华民族世世代代所继承发展的、具有鲜明民族特色而内涵博大精深的优良传统文化，历史十分悠久，流传非常广泛，在世界上拥有巨大的影响力，是世界上唯一绵延不绝而从没中断的古老文化，并始终充满了生机与活力。

浩浩历史长河，熊熊文明薪火，中华文化源远流长，滚滚黄河、滔滔长江是最直接的源头，这两大文化浪涛经过千百年冲刷洗礼和不断交流、融合以及沉淀，最终形成了求同存异、兼收并蓄的辉煌灿烂的中华文明。

中华文化曾是东方文化的摇篮，也是推动整个世界始终发展的动力。早在500年前，中华文化催生了欧洲文艺复兴运动和地理大发现。在200年前，中华文化推动了欧洲启蒙运动和现代思想。中国四大发明先后传到西方，对于促进西方工业社会形成和发展曾起到了重要作用。中国文化最具博大性和包容性，所以世界各国都已经掀起中国文化热。

中华文化的力量，已经深深熔铸到我们的生命力、创造力和凝聚力中，是我们民族的基因。中华民族的精神，也已深深根植于绵延数千年的优秀文化传统之中，是我们的精神家园。但是，当我们为中华文化而自豪时，也要正视其在近代衰微的历史。相对于5000年的灿烂文化来说，这仅仅是短暂的低潮，是喷薄前的力量积聚。

中国文化博大精深，是中华各族人民5000多年来创造、传承下来的物质文明和精神文明的总和，其内容包罗万象，浩若星汉，具有很强的文化纵深感，蕴含丰富的宝藏。传承和弘扬优秀民族文化传统，保护民族文化遗产，已经受到社会各界重视。这不但对中华民族复兴大业具有深远意义，而且对人类文化多样性保护也是重要贡献。

特别是我国经过伟大的改革开放，已经开始崛起与复兴。但文化是立国之根，大国崛起最终体现在文化的繁荣发展上。特别是当今我国走大国和平崛起之路的过程，必然也是我国文化实现伟大复兴的过程。随着中国文化的软实力增强，能够有力加快我们融入世界的步伐，推动我们为人类进步做出更大贡献。

为此，在有关部门和专家指导下，我们搜集、整理了大量古今资料和最新研究成果，特别编撰了本套图书。主要包括传统建筑艺术、千秋圣殿奇观、历来古景风采、古老历史遗产、昔日瑰宝工艺、绝美自然风景、丰富民俗文化、美好生活品质、国粹书画魅力、浩瀚经典宝库等，充分显示了中华民族厚重的文化底蕴和强大的民族凝聚力，具有极强的系统性、广博性和规模性。

本套图书全景展现，包罗万象；故事讲述，语言通俗；图文并茂，形象直观；古风古雅，格调温馨，具有很强的可读性、欣赏性和知识性，能够让广大读者全面触摸和感受中国文化的内涵与魅力，增强民族自尊心和文化自豪感，并能很好地继承和弘扬中国文化，创造未来中国特色的先进民族文化，引领中华民族走向伟大复兴，在未来世界的舞台上，在中华复兴的绚丽之梦里，展现出龙飞凤舞的独特魅力。

誉为国饮——茶的历史

国之礼品——黄山毛峰

贡茶精品_庐山云雾

茶的历史

我国是世界上最早发现和利用茶树的国家，是茶的故乡，也是茶文化的发源地。茶是中华民族的举国之饮，发于神农，闻于鲁周公，兴于唐朝，盛于宋代，我国茶文化糅合了佛、儒、道诸派思想，独成一体，是我国文化中的一朵奇葩。

我国的茶被誉为国饮，也被世界人民誉为"东方恩物"。我国茶道集宗教、哲学、美学、道德、艺术于一体，是艺术、修行、达道的结合，茶道既是饮茶的艺术，也是生活的艺术，更是人生的艺术。

神农尝百草而发现茶

上古时候，我们华夏民族的人文始祖神农是一位勤政爱民的部落首领，他有一位女儿叫花蕊，不知什么原因得病了。

花蕊不想吃饭，浑身难受，腹胀如鼓，怎么调治也不见好。神农很是为难，他想了想，就抓了一些草根、树皮、野果和石头，他数了数，一共有十二样，就让花蕊吃下，然后就到野外干活去了。

神农画像

花蕊吃了后，肚子疼得像刀绞。没过一会儿，她竟然生下了一只小鸟，然而她的病却好了。这可把大家吓坏了，都说："这只鸟是个妖怪，赶紧把它弄出去扔了吧！"

谁知这只小鸟很通人性，见大家都讨厌它，就飞到神农身边。神农听见小鸟对他说："叽叽，外公！叽叽，外公！"

神农嫌它吵人心烦，就一抡胳膊"哇嗤——"地叫了一声，把小鸟搡飞了。但是，没多大一会儿，这小鸟又飞回到树上，又叫："叽叽，外公！叽叽，外公！"

神农觉得非常奇怪，就拾起一块土坷垃，朝树上一扔，把小鸟吓飞了。但是又没多大一会儿，小鸟又回到树上，又叫："叽叽，外公！叽叽，外公！"

神农这回听懂了，就把左胳膊一抬，说："你要是我的外孙，就落到我的胳膊上来！"

小鸟真的就扑楞楞飞下来，落在了神农的左胳膊上。神农细看这小鸟，浑身翠绿、透明，连肚里的肠肚和东西也能看得一清二楚。

神农托着这只玲珑剔透的小鸟回到了家，大家一看，顿时吓得连连后退说："快把它扔了，妖怪，快扔了……"

神农乐呵呵地说："这不是妖怪，是宝贝哟！就叫它花蕊鸟吧！"

神农又把女儿花蕊吃过的十二味药分开在锅里熬，他每熬一味，就喂小鸟一口，一边喂，一边看，看这味药到小鸟肚里往哪儿走，有啥变化。他自己再亲口尝一尝，体会这味药在肚里是啥滋味。十二味药

■ 神农采药图

神农 五氏出现的最后一位神祇，我国古代神话人物。传说因为他的肚皮是透明的，可以看见各种植物在肚子里的反应。这样能分辨什么植物可以吃，什么植物不可以吃，他还亲尝百草，以辨别药物作用。并以此撰写了人类最早的著作《本草》，教人种植五谷、豢养家畜，使中国农业社会结构完成。

茶 原为我国南方的嘉木，它是古代我国南方人民对饮食文化的贡献。三皇五帝时代的神农有以茶解毒的故事流传，黄帝则姓姬名荼，荼即古茶字。茶可食用、解百毒、常品易健康、长寿。经长久发展至今，茶品要顺为最佳，所以就有一句"茶乃天地之精华，顺乃人生之根本"，因此道家里有荼顺即为茗品。

高雅的茶道

■ 茶树

给鸟喂完了，他也尝完了，十二味药一共走了手足三阴三阳十二经脉。

神农托着这只鸟上大山，钻老林，采摘各种草根、树皮、种子、果实，捕捉各种飞禽走兽、鱼鳖虾虫，挖掘各种石头矿物，他一样一样地喂小鸟，一样一样地亲口尝。

神农通过仔细观察，细心体会每味药喝了后在身子里各走哪一经，有何药性，各治什么病等。可是，不论哪味药都只在十二经脉里打圈圈，超不出这个范围。天长日久，神农就制定了人体的十二经脉，成为后来中医药的基础理论。

神农决定继续验证自然万物的功效，就手托着这只鸟走向更广阔的世界。他来到了太行山，当转到九九八十一天，来到了太行山的小北顶，捉到一个全冠虫喂小鸟，没想到这虫毒气太大，一下子把小鸟的肠子打断，小鸟死了。神农非常后悔，大哭了一场。

后来，就选上好木料，照样刻了一只鸟，走到哪儿就带到哪儿。

有一次，神农把一棵草放到嘴里一尝，霎时天旋地转，一头栽倒。臣民们慌忙扶他坐起，他明白自己中了毒，可是已经不会说话了，只好用最后一点力气，指着面前一棵红亮亮的灵芝草，又指指自己的嘴巴。臣民们慌忙把那红灵芝放到嘴里嚼嚼，喂到他嘴里。神农吃了灵芝草，毒气解了，头不昏了，会说话了。从此，人们都说灵芝草能起死回生。

有一天，神农在采集奇花野草时，尝到一种草叶，使他口干舌麻，头晕目眩，于是他放下草药袋，背靠一棵大树斜躺休息。一阵风过，似乎闻到有一种清鲜香气，但不知这清香从何而来。

神农塑像

神农抬头一看，只见树上有几片叶子冉冉落下，这叶子绿油油的，出于好奇，遂信手拾起一片放入口中慢慢咀嚼，感到味虽苦涩，但有清香回甘之味，索性嚼而食之。食后更觉气味清香，舌底生津，精神振奋，头晕目眩减轻，口干舌麻渐消。

神农再拾几片叶子细看，其叶形、叶脉、叶缘均与一般树木不同，因而又采了些芽叶、花果而归。以后，神农将这种树定名为"茶树"，这就是茶的最早发现。神农被后人誉为茶祖，此后茶树渐被发掘、采集和引种，被人们用作药物，供作祭品，当作养生的饮料。

阅读链接

关于神农发现茶，还有一个传说，说是有一天，神农在生火煮水。当水烧开时，神农打开锅盖，忽见有几片树叶飘落在锅中，当即又闻到一股清香从锅中发出。他用碗舀了点汁水喝，只觉味带苦涩，清香扑鼻，喝后回味香醇甘甜，而且嘴不渴了，人不累了，头脑也更清醒了。于是神农依照"人"在"草""木"之间而为其定名为"茶"。

先秦两汉茶文化的萌芽

　　早在远古时代，人们从野生大茶树上砍下枝叶，采集嫩芽，生嚼鲜叶。后来发展为加水煮成羹汤饮用，这就是最早的原始粥茶法。用茶叶制成的菜肴清淡、爽口，既可增进食欲，又有降火、利尿、提

■茶树枝叶

神、去油腻、防疾病的功效，有益人体健康。

在我国商周时期，巴蜀地区就有以茶叶为"贡品"的记载。后来，东晋常璩的《华阳国志·巴志》记载："周武王伐纣，实得巴蜀之师，茶蜜皆纳贡之。"这一记载说明在武王伐纣时，巴国就已经以茶与其他珍贵产品纳贡与周武王了。《华阳国志》中还记载，那时已经有了人工栽培的茶园。

后来，唐代"茶圣"陆羽在《茶经》中说："茶之为饮，发乎神农氏，闻于鲁周公。"春秋战国时期所编著的我国最早的词典《尔雅》中，始有记载周公饮茶养颜保健的逸事。

春秋战国时期，我国学术上百家争鸣，儒家、道家都对后世茶文化产生了影响。

孔子所开创的儒家，在我国茶文化中主要发挥政治功能，制定茶的礼仪：站着敬茶时，双手要托住茶杯底座，两个大拇指轻轻压在杯盖上，面带微笑。用传统茶具喝茶时，要先用杯盖轻轻拨开漂浮的茶叶，

周公 周朝爵位，得爵者以辅佐周王治理天下。历史上的第一位周公名叫姬旦，也称叔旦，是周文王姬昌的第四子、周武王姬发的同母弟，因封地在周，故称周公或周公旦，为西周初期杰出的政治家、军事家、思想家和教育家，被尊为儒学奠基人。

葛玄 东汉道教天师。字孝先，被尊称为葛天师，为道教灵宝派祖师。1104年封"冲应真人"；1243年封"冲应孚佑真君"。道教尊为葛仙翁，又称太极仙翁。在道教流派中与张道陵、许逊、萨守坚共为四大天师。

■茶树栽培

象征性地用杯盖挡住嘴巴，喝茶时不发出声音，以示文雅。

儒家认为，给别人倒茶时，也要用双手，人的身体微微向前倾，安静不出声。如果你是主人，给一桌子的宾客逐一斟茶，一定要以顺时针的顺序，因为按照古礼，逆时针的斟茶方式，通常表示主人在委婉地下逐客令。

道家思想则着眼于更大的宇宙空间，所谓"无为"，正是为了"有为"；柔顺，同样可以进取。水至柔，方能怀山襄堤；壶至空，才能含华纳水。

我国茶文化接受老庄思想甚深，强调天人合一，精神与物质的统一，这又为茶人们创造饮茶的美学意境提供了源泉。

春秋战国后期及西汉初年，曾发生了几次大规模的战争，人口大迁徙。特别在秦统一四川后，促进了

四川和其他各地的货物交换和经济交流。清人顾炎武在《日知录·茶》中即说："自秦人取蜀而后，始有茗饮之事。"认为饮茶始于战国时代。

在秦汉时期，四川的茶树栽培、茶的制作技术及饮用习俗，开始向经济、政治、文化中心陕西、河南等地传播。陕西、河南成为我国最古老的北方茶区之一。其后沿长江逐渐向长江中、下游推移，再次传播到南方各省。

■ 古代制茶工艺

据史料载，汉王至江苏宜兴茗岭"课童艺茶"，汉朝名士葛玄在浙江天台山设"植茶之圃"，说明汉代四川的茶树已传播到江苏、浙江一带了。

在秦汉时期，四川产茶不仅粗具规模，制茶方面也有改进，茶叶具有色、香、味的特色。并被用于多种用途，如药用、丧用、祭祀用、食用，或为上层社会的奢侈品。像武阳那样的茶叶集散市已经形成了。

如西汉著名辞赋家王褒《僮约》"烹茶尽具"的约定，是关于饮茶最早的可信记载。《僮约》中有"烹茶尽具""武阳买茶"，一般都认为"烹茶""买茶"之"茶"为茶。

王褒《僮约》中关于"武阳买茶"的故事，是说公元前59年正月里，资中人王褒寓居成都安志里一个叫杨惠的寡妇家里。杨氏家中有个名叫"便了"的髯奴，即多须的奴仆。王褒经常指派他去买酒，便了因

王褒 字子渊，汉朝著名文人，他的文学创作活动主要在汉宣帝时期，是我国历史上著名的辞赋家，写有《洞箫赋》等赋十六篇，《僮约》中关于茶事的描述，是我国，也是全世界最早的关于饮茶、买茶和种茶的记载。

■ 古代的制茶工具

司马相如（约前179年～前118年），西汉大辞赋家，杰出的政治家。他是我国文化史、文学史上杰出的代表。工辞赋，其代表作品为《子虚赋》。作品辞藻富丽，结构宏大，使他成为汉赋的代表作家，后人称之为"赋圣"和"辞宗"。他与卓文君的爱情故事也广为流传。

王褒是外人，感觉替他跑腿心里很是不情愿，又怀疑他可能与杨氏有暧昧关系，心里更是老大的不乐意。

有一天，髯奴跑到主人的墓前倾诉不满，说："大夫您当初买便了时，只要我看守家里，并没要我为其他男人去买酒。"

王褒得知此事后，当时就气不打一处来，一怒之下，便在正月十五元宵节这一天，以一万五千钱从杨氏的手中买下便了为奴。

便了跟了王褒以后，心里更是极不情愿，可是又无可奈何。于是他在写契约的时候便向王褒提出："既然事已如此，您也应该向当初杨家买我时那样，将以后凡是要我干的事明明白白地写在契约里，要不然我可不干。"

王褒擅长辞赋，精通六艺，为了教训便了，使他服服帖帖的，便信笔写下了一篇长约六百字的题为《僮约》的契约，列出了名目繁多的劳役项目和干活时间的安排，使便了从早到晚不得空闲。

契约上繁重的活儿使便了实在是难以负荷下去。于是他痛哭流涕地向王褒求情说："照此下去，恐怕我马上就会累死进黄土了，早知如此，情愿给您天天去买酒。"

这篇《僮约》从文辞的语气上看，不过是王褒的消遣之作，文中不乏揶揄、幽默之句。但是王褒就在这不经意中，竟然为我国茶史留下了非常重要的史实记录。

王褒《僮约》中的"烹茶尽具"便是规定在家中来客之后烹茶敬客。

另据唐外史《欢婚》记载：

相如琴乐文君，无茶礼，文君父恕不待，相如无猜中官，文君忌怀，凡书必茶，悦其水容乃如家。

这是关于司马相如娶卓文君时只是用了琴音就做成了事，没有按传统规

卓文君　原名文后，西汉临邛人，汉代才女。她善鼓琴，好音律，也擅长诗歌创作，其代表作品有《白头吟》《诀别书》等。卓文君与汉代著名文人司马相如的一段爱情佳话至今还被人津津乐道。她也有不少佳作流传后世。其中以"愿得一心人，白首不相离"一句传为佳话。

■ 卓文君为客人上茶图

战国捧茶侍女木俑

高雅的茶道

矩向卓王孙家兴茶礼正娶。卓文君的父亲气愤之下决定不在任何场所接待司马相如，而且写信要求司马相如只要是在读书或写书时都得品茶，见到茶水就会好比见到卓文君一样，同时也仿佛回到了家一样。

司马相如曾经编写了一本少儿识字读物《凡将篇》，这里面刚好有个"荈"字，也就是各种茶叶史书常提出的最早的"茶"字。

还有在汉赋写作上可与司马相如并称为"扬马"的扬雄，他编写了一本叫《方言》的书，书中记述："蜀西南人谓茶曰蔎。"虽然只有短短的8个字，但是它的意义却是相当深远的。

最早对茶有过记载的王褒、司马相如、扬雄均是蜀人，可见是巴蜀之人发明饮茶。

阅读链接

我国的饮茶始于西汉，而饮茶晚于茶的食用、药用，发现茶和用茶更远在西汉以前，甚至可以追溯到商周时期。茶为贡品、为祭品，在周武王伐纣时，或者在先秦时就已出现，而茶作为商品则是在西汉时才出现的。

茶叶在西周时期被作为祭品使用，到了春秋时代茶鲜叶被人们作为菜食，而战国时期茶叶作为治病药品，到西汉时期茶叶已成为当时主要的商品之一。

三国两晋的饮茶之风

　　两汉时期，茶作为四川的特产，通过进贡的渠道，首先传到京都长安，并逐渐向当时的政治、经济、文化中心陕西、河南等地区传播。此外，四川的饮茶风尚沿水路顺长江而传播到长江中下游地区。

汉代上茶仆人

■ 古代制茶工艺

陈寿（233年～297年），字承祚。三国西晋著名史学家。少时好学，师事同郡学者谯周，在蜀汉时曾任卫将军主簿、东观秘书郎、观阁令史、散骑黄门侍郎等职。晋灭吴结束了分裂局面后，陈寿历经10年艰辛完成了纪传体史学巨著《三国志》，完整地记叙了自汉末至晋初近百年间我国由分裂走向统一的历史全貌。

从西汉直到三国时期，在巴蜀之外，茶是供上层社会享用的珍品，饮茶仅限于王公贵族，民间则很少饮茶。地处成都平原西部边缘的大邑县，素有"七山一水两分田"的称谓，丘陵山地茶树似海浪，棵棵青茶绿如涓滴。

江南初次饮茶的记录始于三国，据西晋史学家陈寿《三国志·吴志·韦曜传》载：吴国的第四代国君孙皓，嗜好饮酒，每次设宴，来客至少饮酒七升。但是他对博学多闻而酒量不大的朝臣韦曜甚为器重，常常破例。每当韦曜难以下台时，他便"密赐茶荈以代酒"。这是"以茶代酒"的最早记载。

在两晋、南北朝时期，茶量渐多，有关饮茶的记载也多见于史册。入晋后，茶叶逐渐商品化，茶叶的产量也增加，不再将茶视为珍贵的奢侈品了。茶叶成为商品后，为求得高价出售，于是对茶叶进行精工采制以提高质量。南北朝初期，以上等茶作为贡品。

西晋诗人张载《登成都白菟楼》诗云："芳茶冠六清，溢味播九区。"说成都的香茶传遍九州。又据假托黄帝时桐君的《桐君录》记："西阳、武昌、庐江、晋陵皆出好茗。"

晋干宝《搜神记》："夏侯恺字万仁，因病

死，……如坐生时西壁大床，就人觅茶饮。"这虽是虚构的神异故事，但也反映普通人家的饮茶事实。

晋陶渊明《搜神后记》中也说："晋孝武世，宣城人秦精，常入武昌山中采茗。"晋王浮《神异记》："余姚人虞洪入山采茗。"说明在两晋时期，湖北、安徽、江苏、浙江这些地区已出产茶叶。

两晋时期，饮茶由上层社会逐渐向中下层传播。《广陵耆老传》："晋元帝时有老姥，每旦独提一器茗，往市鬻之，市人竞买。"老姥每天早晨到街市卖茶，市民争相购买，反映了平民的饮茶风尚。

在南朝宋山谦之所著的《吴兴记》中，载有："浙江乌程县西二十里，有温山，所产之茶，转作进贡之用。"

汉代，佛教自西域传入我国，到了南北朝时更为盛行。佛教提倡坐禅，饮茶可以镇定精神，夜里饮茶

陶渊明（约365年～427年），字元亮，又名潜，号五柳先生，世称靖节先生，东晋末期南朝宋初期诗人、文学家、辞赋家、散文家。曾做过几年小官，后因厌烦官场辞官回家，从此隐居，田园生活是陶渊明诗的主要题材，相关作品有《饮酒》《归园田居》《桃花源记》等，田园诗派创始人。

■ 坐禅杯

慧远（334年~416年），俗姓贾，出生于世代书香之家。居庐山，与刘遗民等同修净土，为净土宗之始祖。从小资质聪颖，勤思敏学，十三岁时便随舅父令狐氏游学许昌、洛阳等地。精通儒学，旁通老庄。二十一岁时发心舍俗出家，随从道安法师修行。

■ 寺庙里的茶院

可以驱睡，茶叶又和佛教结下了不解之缘。茶之声誉逐渐驰名于世。因此，一些名山大川僧道寺院所在的山地和封建庄园都开始种植茶树。

《晋书·艺术传》记："单道开，敦煌人也。……时夏饮茶苏，一二升而已。"单道开乃佛徒，曾往后赵京城邺城的法琳寺、临漳县的昭德寺，后率弟子渡江至晋都城建业，又转去南海各地，最后殁于广东罗浮山。他在昭德寺首创禅室，坐禅其中，昼夜不卧，饮茶却睡解乏以禅定。

晋僧怀信《释门自镜录》："跣足清淡，袒胸谐谑，居不愁寒暑，食不择甘旨，使唤童仆，要水要茶。"魏晋之际，析玄辩理，清谈风甚。佛教初传，依附玄学。佛徒追慕玄风，煮茶品茗，以助玄谈。

《释道该说〈续名僧录〉》中说："宋释法瑶，姓杨氏，河东人……年垂悬车，饭所饮茶。"法瑶是

东晋名僧慧远的再传弟子，著名的涅槃师。法瑶性喜饮茶，每饭必饮茶。

"新安王子鸾，豫章王子尚，诣昙济道人于八公山，道人设茶茗，子尚味之曰：'此甘露也，何言茶茗。'"昙济十三岁出家，拜鸠摩罗什弟子僧导为师。他从关中来到寿春创立了成实师说的南系"寿春系"。

昙济曾著《六家七宗论》。他在八公山东山寺住了很长时间，后移居京城的中兴寺和庄严寺。两位王子拜访昙济，昙济设茶待客。佛教徒以茶资修行，单道开、怀信、法瑶开"茶禅一味"之先河。

道教创始于汉末晋初的张角，于是茶成为道教徒的首选之药，道教徒的饮茶与服药是一致的。南朝著名道士陶弘景《杂录》记："苦茶轻身换骨，昔丹丘子、黄山君服之。"丹丘子、黄山君是传说中的神仙人物，他们说饮茶可使人"轻身换骨"。

晋惠帝时著名道士王浮的《神异记》："余姚人虞洪入山采茗，遇一道士，牵三青牛，引洪至瀑布曰：'予丹丘子也，闻子善具饮，

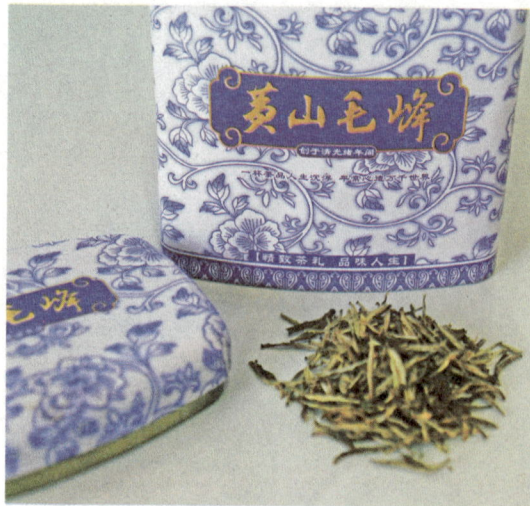
■ 黄山毛峰

刘义庆（403年~444年），字季伯，南朝宋时文学家。刘义庆自幼才华出众，爱好文学。《世说新语》是一部笔记小说集，此书不仅记载了自汉魏至东晋士族阶层言谈、逸事，反映了当时士大夫们的思想、生活和清谈放诞的风气，而且其语言简练，文字生动鲜活，因此自问世以来，便受到文人的喜爱和重视。

常思见惠。山中有大茗可以相给，祈子他日有瓯牺之余，乞相遗也。'"神仙丹丘子都向虞洪乞茶喝，这大大提高了茶的地位。

我国许多名茶有相当一部分是佛教和道教圣地最初种植的，如四川蒙顶、庐山云雾、黄山毛峰，以及天台华顶、雁荡毛峰、天日云雾、天目云雾、天目青顶、径山茶、龙井茶等，都是在名山大川的寺院附近出产的。佛教和道教信徒们对茶的栽种、采制、传播起到了一定的推动作用。

南北朝以后，士大夫之流逃避现实，崇尚清淡，品茶赋诗，使得茶叶消费量增加。茶在江南成为一种"比屋皆饮""坐席竞下饮"的普通饮料，茶在江南已然成为一种待客的礼节。

王濛是晋代人，官至司徒长史，他特别喜欢喝茶，不仅自己一日数次喝茶，而且有客人来，便一定要客人同饮。当时，士大夫中还多不习惯饮茶。因此，去王濛家时，大家总有些害怕，每次临行前就戏称"今日有水厄"。

东晋时期，茶成为建康和三吴地区的一般待客之物，据刘义庆《世说新语》载，任育长随晋室南渡以后，很是不得志。有一次，他到建康，当时一些名士便在江边迎候。谁知他刚一坐下，就有人送上茶来。

任育长是中原人，对茶还不是很熟悉，只是听人说过。看到有茶上来，便问道："此为茶为茗？"

江东人一听此言，觉得很奇怪，心说：这人怎么连茗就是茶都不知道呢？任育长见主人一脸的疑惑，知道自己说了外行话，于是赶忙掩饰说："我刚才问，是热的还是冷的。"

在两晋时期，茶饮是清谦俭朴的标志。据《晋中兴书》载，陆纳做吴兴太守时，卫将军谢安准备去访问他，陆纳让下人只是准备了茶饮接待谢安。陆纳的侄子陆俶见叔叔没有准备丰盛的食品，心中不觉暗暗责备，但又不敢问。于是，陆俶就擅自准备了十多个人用餐的酒菜招待谢安。事后，陆纳大为恼火，认为侄子的行为玷污了自己的清名，于是下令狠狠地打了陆俶四十大板。

在《晋书·桓温传》中，也记载有"桓温为扬州牧，性俭，每宴惟下七奠，茶果而已"。

谢安（320年~385年），字安石，东晋著名政治家、宰相，多才多艺，善行书，通音乐，对儒、佛、玄学均有较高的素养。他性情闲雅温和，处事公允明断，不专权树私，不居功自傲，有宰相气度、儒将风范，这些都是谢安为人称道的品格。

■ 品茶雕塑

两晋时期，茶饮广泛进入祭礼。在南朝宋刘敬叔撰写的志怪小说集《异苑》中记有一个传说。说剡县陈务妻，年轻的时候和两个儿子寡居。陈家的院子里有一座古坟，每次饮茶时，陈务妻都要先在坟前浇祭茶水。两个儿子对此很讨厌，想把古坟平掉，母亲苦苦劝说才止住。

高雅的茶道

■ 古代茶具

杨衒之 北魏散文家。曾任抚军府司马、秘书监、期城郡太守等职。博学能文，精通佛教经典。公元547年，杨衒之行经洛阳，正值兵乱之后，目睹贵族王公耗费巨资所建之佛寺已多成废墟，深有所感，乃著《洛阳伽蓝记》一书，成为北朝文坛上的旷世杰作。

有一天在梦中，陈务妻见到一个人，这个人对她说："我埋在此地已经有三百多年了，蒙你竭力保护，又赐我好茶，我虽然是地下朽骨，但不会忘记报答你的。"

陈务妻从梦中醒来，就再也睡不着了。

终于等到天亮，陈务妻起来后，来到院子里，突然发现在院子中有十万钱！陈务妻惊呆了，一时间不知该如何是好。她赶忙把这事告诉了两个儿子，两个人感到很惭愧。从此以后，一家人祭祷得就更勤了。

南北朝时期，以茶作祭已进入上层社会。《南齐书·武帝本纪》载：永明十一年（493年）七月，齐武帝下了一封诏书，诏曰："我灵上慎勿以牲为祭，唯设饼果、茶饮、干饭、酒脯而已，天下贵贱，咸同此制。"

齐武帝萧颐，是南朝比较节俭的少数统治者之一。他立遗嘱时，把茶饮等物作为祭祀标准，把民间的礼俗用于统治阶级的丧礼之中，此举无疑推广和鼓励了这种制度。

北魏杨衒之的《洛阳伽蓝记》卷三记载了王肃善饮茶的故事："肃初入国，不食羊肉及酪浆，常饭鲫鱼羹，渴饮茗汁。……时给事中刘镐，慕肃之风，专习茗饮。"北朝人原本渴饮酪浆，但受南朝人的影响，如刘镐等，也开始喜欢上饮茶了。

王肃，字恭懿，琅琊人。曾在南朝齐任秘书丞。因父亲王奂被齐国所杀，便从建康投奔魏国。魏孝帝随即授他为大将军长史。后来，王肃为魏立下战功，得"镇南将军"之号。魏宣武帝时，官居宰辅，累封昌国县侯，官终扬州刺史。

王肃在南朝时，喜欢饮茶，到了北魏后，虽然没有改变原来的嗜好，但同时也很会吃羊肉奶酪之类的北方食品。当人问"茗饮何如酪浆？"时，王肃认为茶是不能给酪浆做奴隶的。意思是茶的品位并不在奶酪之下。

三国吴和东晋均定都现在的南京，由于达官贵人，特别是东晋北方士族的集结、移居，今苏南和浙江的所谓江东一带，在这一政治和经济背景下，作为茶业发展新区，其茶业和茶文化在这一阶段中，较之全国其他地区有了更快发展。

阅读链接

三国两晋时期，我国形成饮茶之风，而文人关于茶的著述颇丰。如《搜神记》《神异记》《搜神后记》《异苑》等志怪小说集中便有一些关于茶的故事。

左思的《娇女诗》、张载的《登成都白菟楼诗》。王微的《杂诗》是最早的茶诗。南北朝时女文学家鲍令晖撰有《香茗赋》，惜散佚。

西晋杜育的《荈赋》是文学史上第一篇以茶为题材的散文，才辞丰美，对后世的茶文学创作颇有影响。宋代吴俶《茶赋》称："清文既传于杜育，精思亦闻于陆羽。"可见杜育《荈赋》在茶文化史上的影响。

趋于成熟的唐代茶文化

唐人刘禹锡易茶图

唐朝一统天下，修文息武，重视农作，促进了茶叶生产的发展。由于国内太平，社会安定，百姓能够安居乐业。

随着农业、手工业生产的发展，茶叶的生产和贸易也迅速兴盛起来，成为我国茶史上第一个高峰。

当时，茶叶产地分布在长江、珠江流域和陕西、河南等十多个区域的诸多州郡，当时，以武夷山茶采制而成的蒸青团茶极负盛名。

中唐以后，全国有七十多州产茶，辖三百四十多县。唐代是我国种茶、饮茶以及茶文化发展的鼎盛时期。茶叶逐渐从皇宫内院走入了寻常百姓之家，饮茶之风遍及全国。有的地方户户饮茶，已成民间习俗。

同时，无论是宫廷茶艺、宗教茶艺、文士茶艺和民间茶艺，不论在茶艺内涵的理解上还是在操作程序上，都已趋于成熟，形成了各具特色的饮茶之道。

■ 唐代女子制茶图

唐朝饮茶之风的兴起，促使了"茶圣"陆羽的横空出世！陆羽在其著名的《茶经》中，对茶的提法不下10余种，其中用得最多、最普遍的是"茶"。

陆羽在写《茶经》时，将"荼"字减少一划，改写为"茶"，并归纳说："……其名，一曰茶，二曰槚，三曰蔎，四曰茗，五曰荈。"从此，在古今茶学书中，茶字的形、音、义也就固定下来了。

关于陆羽善茶道还有一个有趣的故事：

唐朝代宗皇帝李豫喜欢品茶，宫中也常常有一些善于品茶的人供职。

有一次，陆羽的师父竟陵积公和尚被召到宫中。宫中煎茶的能手用上等的茶叶煎出一碗茶，请积公品尝。积公饮了一小口，便再也不尝第二口了。皇帝问他为何不饮，积公回答说："我所饮之茶，都是弟子陆羽为我煎的。饮过他煎的茶后，旁人煎的就觉淡而无味了。"

李豫听罢，就把积公的话记在心里了。随后，李

郡 古代行政区域，始见于战国时期。秦代以前比县小，从秦代起比县大，叫郡县。秦统一天下设三十六郡，后汉起，郡成为州的下级行政单位，介于州刺史部、县之间。隋朝废郡制，以县直隶于州。唐武则天时曾改州为郡，很快又恢复了。明清时代称府。

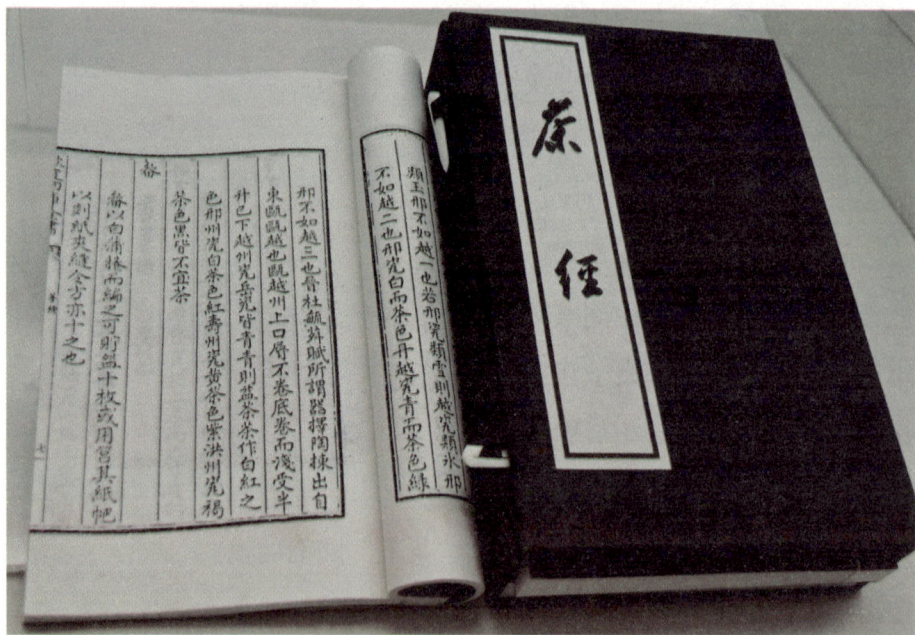

高雅的茶道

■ 古籍《茶经》

李豫 （727年~779年），唐肃宗长子。初名俶，原封广平王，后改封楚王、成王，唐朝第八位皇帝，在位17年。763年平定了安史之乱。安史之乱结束，大唐开始走向衰落。779年去世，庙号代宗，谥号睿文孝武皇帝，葬于元陵。

豫便派人四处寻找陆羽，终于在吴兴县苕溪的天杼山上找到了他，并把他召到了宫中。

皇帝李豫见陆羽其貌不扬，说话还有点儿结巴，但从言谈中可以看出他学识渊博，出言不凡，甚感高兴。于是当即命陆羽煎茶。

陆羽将带来的清明前采制的紫笋茶精心煎后，献给皇帝李豫。皇帝闻之，茶香扑鼻，茶味鲜醇，清汤绿叶，果然与众不同。

李豫连忙命陆羽再煎一碗，让宫女送到书房给积公和尚去品尝。积公接过茶碗，刚喝了一口，便连叫好茶，于是一饮而尽。

积公放下茶碗后，走出书房，连声喊道："渐儿何在？"皇帝忙问："你怎么知道陆羽来了？"积公答道："我刚才饮的茶，只有他才能煎得出来，当然是到宫中来了。"

由此可见陆羽精通茶艺非同一般。

在唐代，喜茶之人甚多。唐武宗时，宰相李德裕善于鉴水别泉。据北宋诗人唐庚《斗茶记》载："唐相李卫公，好饮惠山泉，置驿传送不远数千里。"这种送水的驿站称为"水递"。

时隔不久，有一位老僧拜见李德裕，说相公要饮惠泉水，不必到无锡去专递，只要取京城的昊天观后的水就行。

李德裕大笑其荒唐，于是暗地里让人取一罐惠泉水和昊天观水一罐，做好记号，并与其他各种泉水一起送到了老僧住处，请他品鉴，让他从中找出惠泉水来。

老僧一一品赏之后，从中取出两罐。李德裕揭开记号一看，正是惠泉水和昊天观水，李德裕大为惊奇，不得不信。于是，再也不用"水递"来运输惠泉水了。

为了适应消费需求，自唐至宋，贡茶兴起，成立了贡茶院，即制茶厂，组织官员研究制茶技术，从而促使茶叶生产不断改革。

在唐代，蒸青作饼已经逐渐完善，陆羽《茶经·三之造》记述："晴，采之。蒸之，捣之，拍之，焙之，穿之，封

李德裕 （787年~850年），字文饶，与其父李吉甫均为晚唐名相。执政期间外平回鹘、内定昭义、裁汰冗官，功绩显赫。会昌时进封太尉、赵国公。唐武宗与李德裕之间的君臣相知成为晚唐之绝唱。

■茶圣陆羽塑像

茶德 指饮茶人的道德要求和茶自身所具备的美德，如理、敬、清、融、和、俭、静、洁、美、健、性、伦等等，从不同的角度阐述饮茶人应有的道德要求，强调通过饮茶的艺术实践过程，引导饮茶人完善个人的品德修养，实现人类共同追求和谐、健康、纯洁与安乐的崇高境界。

■ 大唐贡茶院

之，茶之干矣。"也就是说，此时完整的蒸青茶饼制作工序为：蒸茶、解块、捣茶、装模、拍压、出模、列茶、晾干、穿孔、烘焙、成穿、封茶。

唐代制茶技术得到了一定程度的发展。在陆羽著《茶经》之前，人们已经把茶饼研成细末，再加上葱、姜、橘等调料倒入罐中煎煮来饮。

后陆羽提倡自然煮茶法，去掉调料，人们开始对水品、火品、饮茶技艺非常讲究。

在《茶经》中，陆羽提出了"茶德"的思想。陆羽云："茶之为用，味至寒，为饮最宜精行俭德之人。"将茶德归之于饮茶人应具有的俭朴之美德，不单纯将饮茶看成仅仅是为满足生理需要的饮品。

唐末刘贞亮在《茶十德》一文中，扩展了茶德的内容，即"以茶利礼仁，以茶表敬意，以茶可雅心，以茶可行道"，提升了饮茶的精神需求，包括人的品

德修养，并扩大到和敬待人的人际关系上。

我国首创的茶德观念，在唐宋时代传入日本和朝鲜后，产生了巨大影响并得到发展。日本高僧千利休提出的茶道基本精神和、敬、清、寂，本质上就是通过饮茶进行自我思想反省，在品茗的清寂中拂除内心的尘埃和彼此间的介蒂，达到和敬的道德要求。

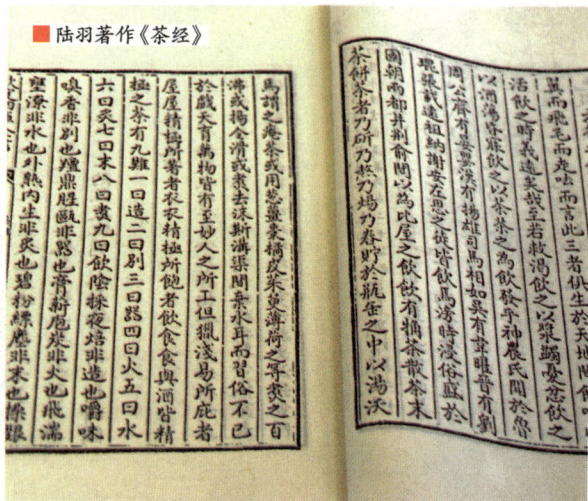
■ 陆羽著作《茶经》

朝鲜茶礼仪倡导的清、敬、和、乐，强调中正精神，也是主张纯化人的品德的我国茶德思想的延伸。

在我国佛教禅宗，有一句禅林法语"吃茶去"，这与唐代赵州禅师有关。唐代赵州观音寺高僧从谂禅师，人称"赵州古佛"，他喜爱茶饮，到了唯茶是求的地步，因而也喜欢用茶作为机锋语。

当时，有两位僧人从远方来到赵州，向赵州禅师请教何为禅。赵州禅师问其中的一个："你以前来过吗？"

那个人回答："没有来过。"赵州禅师说："吃茶去！"赵州禅师转向另一个僧人，问："你来过吗？"这个僧人说："我曾经来过。"赵州禅师说："吃茶去！"

这时，引领那两个僧人到赵州禅师身边来的监院就好奇地问："禅师，怎么来过的你让他吃茶去，未曾来过的你也让他吃茶去呢？"

赵州禅师称呼了监院的名字，监院答应了一声，赵州禅师说："吃茶去！"

■ 陆羽茶社

赵州禅师（778年～897年），法号从谂，是禅宗史上一位震古烁今的大师。他幼年出家，后得法于南泉普愿禅师，为禅宗六祖惠能大师之后的第四代传人。弘法传禅达40年，僧俗共仰，为丛林模范，人称"赵州古佛""赵州眼光烁破天下"。

禅宗讲究顿悟，认为何时何地何物都能悟道，极平常的事物中蕴藏着真谛。茶对佛教徒来说，是平常的一种饮料，几乎每天必饮，因而，从谂禅师以"吃茶去"作为悟道的机锋语，对佛教徒来说，既平常又深奥，能否觉悟，则要靠自己的灵性了。

当时，在唐朝的国都长安荟萃了大唐的茶界名流、文人雅士，他们办茶会、写茶诗、著茶文、品茶论道、以茶会友。

高僧皎然在《饮茶歌诮崔石使君》一诗中写道：

一饮涤昏寐，情思朗爽满天地。

再饮清我神，忽如飞雨洒轻尘。

三饮便得道，何须苦心破烦恼。

此物清高世莫知，世人饮酒多自欺。

唐代饮茶诗中最著名的要算是卢仝《走笔谢孟谏议寄新茶》诗中所论述的七碗茶了：

　　一碗喉吻润。二碗破孤闷。三碗搜枯肠，唯有文字五千卷。四碗发轻汗，平生不平事，尽向毛孔散。五碗肌骨清。六碗通仙灵。七碗吃不得也，唯觉两腋习习清风生。蓬莱山，在何处，玉川子，乘此清风欲归去……

皎然（约720年－约795年），俗姓谢，字清昼，我国山水诗创世人谢灵运的后代，是唐代最有名的茶僧。他的《诗式》为当时诗格一类作品中较有价值的一部。其诗清丽闲淡，多为赠答送别、山水游赏之作。在文学、佛学、茶学等许多方面有深厚造诣，堪称一代宗师。

喝了七碗茶，就能变成神仙了，这样的茶、这样的情思真是妙极了。历代诗人的咏茶诗有很多，但是卢仝的这首诗堪称是咏茶诗中最著名的一首，其人也因此诗而名传于世。

在晚唐时期，茶还有了另外一个别名，叫"苦口师"。晚唐著名诗人皮日休之子皮光业，自幼聪慧，十岁能作诗文，颇有家风。皮光业容仪俊秀，善谈论，气质倜傥，如神仙中人。吴越天福二年，即公元937年拜丞相。

有一天，皮光业的中表兄弟请他品赏新柑，并设宴款待。这一天，朝廷显贵云集，筵席殊丰。皮光业一进门，对新鲜甘美的橙子视

■唐人茶宴图

而不见，急呼要茶喝。

于是，侍者只好捧上来一大瓯茶汤，皮光业手持茶碗，即兴吟道："未见甘心氏，先迎苦口师。"此后，茶就有了"苦口师"的雅号了。

关于唐代的饮茶之习，中唐封演《封氏闻见记》卷六饮茶记载了当时社会饮茶的情况。封演认为禅宗促进了北方饮茶的形成，唐代开元以后，各地"茶道"大行，饮茶之风弥漫朝野，"穷日竟夜"，"遂成风俗"，且"流于塞外"。

晚唐杨华《膳夫经手录》载："至开元、天宝之间，稍稍有茶；至德、大历遂多，建中以后盛矣。"陆羽《茶经·六之饮》也称："滂时浸俗，盛于国朝，两都并荆俞间，以为比屋之饮。"杨华认为茶始兴于玄宗朝，肃宗，代宗时渐多，德宗以后盛行。

在五代后晋时官修的《旧唐书·李玉传》记载："茶为食物，无异米盐，于人所资，远近同俗，既怯竭乏，难舍斯须，田闾之间，嗜

好尤甚。"茶于人来说如同米、盐一样不可缺少，田间农家尤其嗜好。

唐代饮茶风尚盛行，带动了茶具的发展繁荣，各地茶具也自成体系。茶具不仅是饮茶过程中不可缺少的器具，并有助于提高茶的色、香、味，具有实用性，而且一件高雅精致的茶具，本身又富含欣赏价值，且有很高的艺术性。陆羽《茶经·四之器》中列出二十八种茶具，按功用可分为煮茶器、碾茶器、饮茶器、藏茶器等。

当时南北瓷窑生产大量茶具，以越窑和邢窑为代表，形成"南青北白"的局面，此外长沙窑、婺州窑、寿州窑、洪州窑、岳州窑等也出产茶具。

唐代以煮茶为主，因此茶具主要有茶釜、茶瓯、茶碾、盏托和执壶。长沙窑的"茶"碗和西安王明哲

越窑 是我国古代最著名的青瓷窑系。东汉时，中国最早的瓷器在越窑的龙窑里烧制成功，因此，越窑青瓷被称为"母亲瓷"。越窑持续烧制了1000多年，于北宋末、南宋初停烧，是我国持续时间最长、影响范围最广的窑系。越瓷胎骨较薄，施釉均匀，釉色青翠莹润，光彩照人。不但是供奉朝廷的贡品之一，又是唐代的一种重要的贸易陶瓷。

誉为国饮

茶的历史

■唐人茶宴图

墓出土的器底墨书"老导家茶社瓶"执壶是典型的茶具。除陶瓷外，唐代的金、银、漆、琉璃等其他材质的茶具也各具特色，如陕西扶风法门寺地宫的银质鎏金茶具，足见皇室饮茶场面的气派。

因为茶宜"乘热连饮"，茶碗很烫，所以要在碗下加托。西安唐代曹惠琳墓出土有白瓷盏托以及在当地发现的7件银质鎏金茶托，刻铭中自名为"浑金涂茶拓子"字样。这些茶托上的托圈较低，与晚唐茶托制式不同。

晚唐时，茶托上的托圈已增高，有的是在托盘上加了一只小碗，湖南长沙铜官窑、浙江宁波和湖北黄石的唐墓中均曾有这类茶托。托上所承之茶碗，为圈足、玉璧足或圆饼状实足的各种弧壁或直壁之碗。长沙石渚窑的唐青釉圆口弧壁碗，有的自名为"茶"。

高雅的茶道

阅读链接

唐代饮茶之风盛行，同唐朝国力的鼎盛有很大的关系。陆羽《茶经》认为当时的饮茶之风扩散到民间，以东都洛阳和西都长安及湖北、山东一带最为盛行，都把茶当作家常饮料。《茶经》《封氏闻见记》《膳夫经手录》关于饮茶发展和普及的情况基本一致。开元以前，饮茶不多，开元以后，举凡王公朝士、三教九流、士农工商，无不饮茶。不仅中原广大地区饮茶，而且边疆少数民族地区也饮茶，甚至出现了茶水铺，自邹、齐、沧、隶，渐至京邑城市，多开店铺，煎茶卖之。不问道俗，投钱便可取茶饮用。

空前繁荣的宋代茶文化

宋承唐代饮茶之风，日益普及。"茶兴于唐而盛于宋"。两宋的茶叶生产，在唐朝至五代的基础上逐步发展起来，全国茶叶产区又有所扩大，各地精制的名茶繁多，茶叶产量也有了大量增加。

宋梅尧臣在其《南有嘉茗赋》中说："华夷蛮豹，固日饮而无厌，富贵贫贱，亦时啜无厌不宁。"宋吴自牧《梦粱录》卷十六"鳌铺"载："盖人家每日不可阙者，柴米油盐酱醋茶。"自宋代始，茶就成为开门"七件事"之一。

宋代茶业的发展，推动了茶叶文化的发展，在文人中出现了专业品茶社团，有官员组

宋代进茶图

■ 宋人喝茶蜡像

成的"汤社"、佛教徒的"千人社"等。

宋太祖赵匡胤是位嗜茶之士，在宫廷中设立茶事机关，宫廷用茶已分等级。茶仪已成礼制，赐茶已成皇帝笼络大臣、眷怀亲族的重要手段，还赐给国外使节。

宋徽宗赵佶对茶进行过深入研究，他还写成了茶叶专著《大观茶论》一书，序云：

缙绅之士，韦布之流，沐浴膏泽，薰陶德化，盛以雅尚相推，从事茗饮。顾近岁以来，采择之精，制作之工，品第之胜，烹点之妙，莫不盛造其极。

《大观茶论》对茶的产制、烹试及品质各方面都有详细的论述，从而也推动了饮茶之风的盛行。

在宋代，茶已成为当时民众日常生活中的必需品。宋李觏《盯江集卷十六·富国策一十》云："茶并非古也，源于江左，流于天下，浸淫于近世，君子小人靡不嗜也，富贵贫贱靡不用也。"意思是说，无论君子小人、富贵贫贱，都喜欢饮茶。与柴米油盐酱醋一样，茶成为当时人们的日常生活用品。

宋代文学家、政治家王安石也说："夫茶之为民

李觏 （1009年~1059年），字泰伯，北宋儒家学者，著名的思想家、哲学家、教育家、诗人。博学通识，尤长于礼。他不拘泥于汉、唐诸儒的旧说，敢于抒发己见，推理经义，成为"一时儒宗"。

用，等于米盐，不可一日以无。"

宋代文学家、政治家及诗人范仲淹，极嗜饮茶，对茶的功效曾给予高度评价。他的《和章岷从事斗茶歌》以夸张的手法，赞美茶的神奇功效："众人之浊我可清，千日之醉我可醒……不如仙山一啜好，泠然便欲乘风飞。"他把茶看作胜过美酒和仙药，啜饮之后可飘然升天，这与唐代卢全的《七碗茶歌》的思想境界有异曲同工之妙。

宋时，气候转冷，常年平均气温比唐代低一些，特别是在一次寒潮袭击下，众多的茶树受到冻害，茶叶减产。湖州顾渚的贡茶不能及时生产，无法在清明节之前运到京城汴京，于是就将生产贡茶的任务南移，交由福建的建安来完成。并在建安的北苑设立专门机构生产供皇宫御用的贡茶，主要是生产制作精美的龙凤茶。

宋代饮茶之风非常盛行，特别是王公贵族们，经常举行茶宴，皇帝也常在得到贡茶之后举行茶宴招待群臣，以示恩宠。

科举考试是宋朝的一件大事，皇帝或皇后都会向考官及进士赐茶。如宋哲宗赐茶饼给考官张舜民，张舜民将所赐茶分给亲友都不够，由此可见赐茶的珍贵。

卢全（约775年~835年），唐代诗人，"初唐四杰"之一卢照邻的子孙。早年隐少室山，自号玉川子。他刻苦读书，博览经史，工诗精文，不愿仕进。后迁居洛阳。卢全性格狷介，如同孟郊；但其狷介之性中更有一种雄豪之气，又近似韩愈。是韩孟诗派重要人物之一。

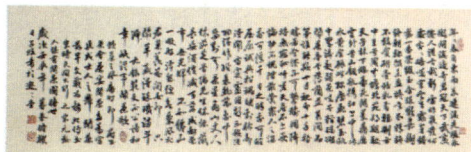

■《宋人斗茶图》

■ 宋代斗茶

蔡襄（1012年～1067年），字君谟，先后在宋朝中央政府担任过馆阁校勘、知谏院、翰林学士、三司使、端明殿学士等职，为人忠厚、正直，讲究信义，且学识渊博，书艺高深，书法史上论及宋代书法，素有"苏、黄、米、蔡"四大书家的说法，蔡襄书法以其浑厚端庄，淳淡婉美，自成一体。

再如宋仁宗的光献皇后向进士赐茶。王巩《甲申杂记》："仁宗朝，春试进士咸聚集英殿，后妃御太清楼观之。慈圣光献出饼角子以赐进士，出七宝茶以赐考试官。"

以闽茶为贡，并非始自宋代，最早是在五代闽和南唐时就开始了。而其制茶技术日益成熟，品相兼优，名冠全国，还是宋代的事情。

宋代著名书法家蔡襄是福建仙游人，官至端明殿学士，精于品茗、鉴茶，也是一位嗜茶如命的茶博士。据说蔡襄挥毫作书必以茶为伴。这样一位十分喜爱饮茶，尤其是对福建茶业有过重要贡献的朝廷命官，称得上是一位古代的茶学家。

蔡襄的《茶录》以记述茶事为基础，分上下两篇。上篇茶证："论茶的色、香、味、藏茶、炙茶、碾茶、罗茶、候茶、熁盏、点茶"；下篇器论："论茶焙、茶笼、砧椎、茶铃、茶碾、茶罗、茶盏、茶匙、汤瓶"。《茶录》是我国茶文化历史中不可多得的专著。

在宋代，徽州成为重要的产茶区，其产量约2.3万担，其制茶工序大致为：蒸茶、榨茶、研茶、造茶、过茶、烘茶六道，成品茶为"蒸青团茶"。这种制茶方法，不但工序复杂，加工量小，而且茶叶香气与滋味也欠佳。由此，徽州谢家就发明了一种"先用锅炒茶，再用手或木桶揉茶，最后用烘笼烘茶"的"老谢家茶"制茶技术。

采用这种工艺制茶有三大优点：其一，制茶程序简单，由原来6道改成3道；其二，加工量大，工效比原来提高了3至4倍；其三，改变茶叶形状品质，将原来的"团茶"改成了"散茶"，而且这种"散茶"香高味浓，耐冲泡。

很快，这种制茶新技术在古徽州传开，茶农纷纷效仿，从而迅速促进了徽州茶叶生产发展。到了明代，徽州府产茶量已达5万多担，比宋代翻了一番。

宋代风尚斗茶，如梅尧臣《次韵和永叔尝新茶杂言》云："兔毛紫盏自相称，清泉不必求虾蟆"；苏辙诗云："蟹眼煎成声未老，兔

古代茶叶的种类

欧阳修（1007年~1072年），字永叔，号醉翁、六一居士。北宋文学家、史学家、政治家。是在宋代文学史上最早开创一代文风的文坛领袖。领导了北宋诗文革新运动，继承并发展了韩愈的古文理论。他的散文创作的高度成就与其正确的古文理论相辅相成，从而开创了一代文风。

毛倾看色尤宜。"

徽宗时期，宫廷里的斗茶活动非常盛行。为了满足皇帝和大臣们的欲望，贡茶的征收名目越来越多，制作也越来越新奇。

据南宋时期胡仔的《苕溪渔隐丛话》等所记载，宣和二年，漕臣郑可简创制了一种以"银丝水芽"制成的"方寸新"。这种团茶色如白雪，故名为"龙园胜雪"。

后来，郑可简官升至福建路转运使，又命他的侄子千里到各地山谷去搜集名茶奇品，千里后来发现了一种叫作"朱草"的名茶。郑可简便将"朱草"拿来，让自己的儿子去进贡。于是，他的儿子也因贡茶有功而得官职。

■ 宋代点茶图

宋代茶文化的发展，在很大程度上受到皇室的影响。无论其文化特色或是文化形式，都带有贵族色彩。与此同时，茶文化在高雅文化的范畴内，得到了更充分的发展。

传统礼制对贡茶的精益求精，进而引发出各种饮茶用茶方式。宋代贡茶自蔡襄任福建转运使后，通过精工改制，在形式和品质上有了更进一步的发展，号称"小龙团饼茶"。北宋文坛领袖欧阳修称这种茶"其价值金二两，然金可有，而茶不可得"。

宋仁宗最推荐这种小龙团，备加珍惜，即使是宰相近臣，也不随便赐赠，只有每年在南郊大礼祭天地时，中枢密院各四位大臣才有幸共同分到一团，而这些大臣往往自己舍不得品尝，专门用来孝敬父母或转赠好友。这种茶在赐赠大臣前，先由宫女用金箔剪成龙凤、花草图案贴在上面，称为"绣茶"。

宋代是我国茶饮活动最活跃的时代。在以贡茶一路衍生出来的有"绣茶""斗茶"；作为文人自娱自乐的有"分茶"。作为民间的茶楼、饭馆中的饮茶方式更是丰富多彩。

吴自牧《梦粱录》卷十六"茶肆"记载，茶肆列花架，在上面安顿奇松异会等物，用来装饰店面，敲打响盏歌卖，叫卖后用瓷盏漆托供卖。夜市在太街有东担设浮铺，点茶汤以便游玩的人观赏。

宋代沏茶时尚的是用"点"茶法，就是注茶，即用单手提执壶，使沸水由上而下，直接将沸水注入盛有茶末的茶盏内，使其形成变幻无穷的物象。因此，注水的高低，手势的不同，壶嘴造型的不一，都会使

■ 品茶铜像

《梦粱录》宋吴自牧著。共二十卷。这是一本介绍南宋都城临安城市风貌的著作。该书成书年代，据自序有"时异事殊""缅怀往事，殆犹梦也"之语，当在元军攻陷临安之后。

众侍女向女主人供茶图

注茶时出现的汤面物象形成不同的结果。

1089年，苏东坡第二次来杭州上任，这年的农历十二月二十七日，他正游览西湖葛岭的寿星寺。南屏山麓净慈寺的谦师听到这个消息，便赶到北山，为苏东坡点茶。

苏轼品尝谦师的茶后，感到非同一般，专门为之作《送南屏谦师》记述此事，诗中对谦师的茶艺给予了很高的评价：

道人晓出南屏山，来试点茶三昧手。

······

先生有意续茶经，会使老谦名不朽。

谦师烹茶，有独特之处，但他自己说烹茶之事"得之于心，应之于手，非可以言传学到者"。

谦师的茶艺在宋代很有名气，不少诗人对此加以赞誉。如北宋的史学家刘敛有诗云："泻汤夺得茶三昧，觅句还窥诗一斑"，就是对其茶艺很妙的概括。后来，人们把谦师称为"点茶三昧手"。

宋代点茶法使茶瓶的流加长，口部圆峻，器身与器颈增高，把手的曲线也变得很柔和，茶托的式样更多。托圈一般均较高，有敛口的，也有侈口的，而且许多托圈内中空透底。

宋代上层人士饮茶，对茶具的质量要求比唐代更高，宋人讲究茶具的质地，制作要求更加精细。茶托除瓷、银制品外，还有金茶托和漆茶托。范仲淹诗云："黄金碾畔绿尘飞，碧玉瓯中翠涛起。"陆游诗云："银钤铜碾俱官样，恨欠纤纤为捧瓯。"说明当时地方官吏，文人学士使用的是金银制的茶具。而民间百姓饮茶的茶具，就没有那么讲究，只要做到"择器"用茶就可以了。

在普天共饮的社会背景下，宋代茶艺逐渐形成了

陆游（1125年~1210年），字务观，号放翁，南宋诗人、词人。一生著作丰富，风格奔放，沉郁悲壮，洋溢着强烈的爱国主义激情，在生前即有"小李白"之称，不仅成为南宋一代诗坛领袖，而且在我国文学史上享有崇高地位，是我国伟大的爱国诗人。

■茶馆

杨万里（1127年~1206年），字廷秀，号诚斋。南宋著名爱国诗人、文学家，与陆游、尤袤、范成大并称"南宋四大家"，"中兴四大诗人"。他一生作诗颇丰，被誉为一代诗宗。杨万里诗歌大多描写自然景物，也有反映民间疾苦抒发爱国感情的。代表作品有《初入淮河四绝句》《舟过扬子桥远望》《过扬子江》《晚出净慈寺送林子方》等。

■古代喝茶雕塑

一套规范程式，这便是分茶。分茶又称茶百戏、汤戏或茶戏。

宋人直接描写分茶的文学作品以杨万里《澹庵坐上观显上人分茶》为代表。1163年，杨万里在临安胡铨官邸亲眼看见显上人所做的分茶表演，被这位僧人的技艺折服，即兴实录了这一精彩表演。诗中写道：

分茶何似煎茶好，煎茶不似分茶巧。
蒸水老禅弄泉手，隆兴元春新玉爪。
……

北宋初年人陶谷在《荈茗录》中说到一种叫"茶百戏"的游艺。"茶百戏"便是"分茶"，"碾茶为末，注之以汤，以笑击拂"。此时，盏面上的汤纹水脉会幻变出种种图样，若山水云雾，状花鸟虫鱼，

恰如一幅幅水墨图画，故有"水丹青"之称。

精美茶具

茶文化的兴盛，也引起了茶具的变革。唐代的茶一般为绿色，青瓷碗与白瓷碗并重；而宋代茶色尚白，又兴起了斗茶之风。斗茶胜负的标志为茶是否粘附碗壁，哪一方的碗上先形成茶痕，即为输家。这和茶的质量及点茶的技术都有关系。

为适应斗茶之需，宋代将白色的茶盛在深色的碗里，对比分明，易于检视。蔡襄在《茶录》中指出："茶色白，宜黑盏。""其青白盏，斗试家自不用。"所以宋代特别重视黑釉茶盏。

福建建阳水吉镇建窑烧造的茶盏釉色黝亮似漆，其上有闪现圆点形晶斑，也有闪现放射状细芒，前者称油滴盏，后者称兔毫盏。还有盏底刻"供御""进"等文字，表明这里曾有向朝廷进奉的贡品。

阅读链接

在宋代茶叶著作中，比较著名的有叶清臣的《述煮茶小品》、蔡襄的《茶录》、宋子安的《东溪试茶录》、沈括的《本朝茶法》、赵佶的《大观茶论》等。在宋代茶学专家中，有作为一国之主的宋徽宗赵佶，有朝廷大臣和文学家丁谓、蔡襄，有著名的自然科学家沈括，更有乡儒、进士，乃至不知其真实姓名的隐士"审安老人"等。从这些作者的身份来看，宋代茶学研究的人才和研究层次都很丰富。在研究内容上包括茶叶产地的比较、烹茶技艺、茶叶形制、原料与成茶的关系、饮茶器具、斗茶过程及欣赏、茶叶质量检评、贡茶名实等等。

返璞归真的元代饮茶风

　　宋人拓展了茶文化的社会层面和文化形式，茶事十分兴旺，但茶艺走向繁复、琐碎、奢侈，失去了唐代茶文化深刻的思想内涵，过于精细的茶艺淹没了茶文化的实用性，失去了其高洁深邃的本质。元代以后，我国茶文化进入了曲折发展期。

　　元代与宋代茶艺崇尚奢华、烦琐的形式相反，北方少数民族虽嗜

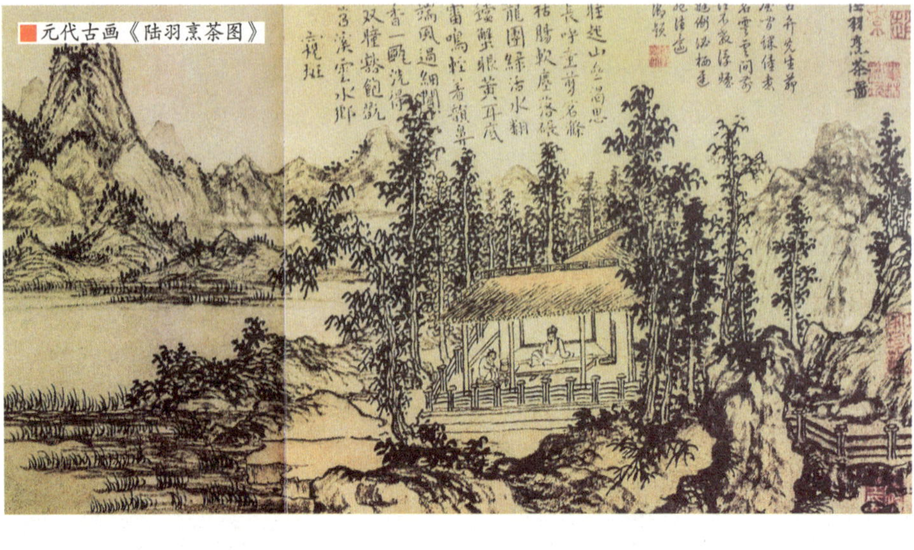

■元代古画《陆羽烹茶图》

茶如命，但主要出于生活的需要，对品茶煮茗、烦琐的茶艺没多大兴趣。原有的汉族文化人希冀以茗事表现风流倜傥，这时则转而由茶表现其脱俗的清高气节。

这两股不同的思想潮流，在茶文化中契合后，促进了茶艺向简约、返璞归真方向发展。因此元代制作精细、成本昂贵的团茶数量大减，而制作简易的末茶和直接饮用的青茗与毛茶大为流行。

■ 元代冲茶图

这种饮茶风格的变化，使我国茶叶生产有了更大的创新。至元朝中期，老百姓做茶技术不断提高，讲究制茶功夫。元时在茶叶生产上的另一成就，是用机械来制茶叶。据王祯《农书》记载，当时有些地区采用了水转连磨，即利用水力带动茶磨和椎具碎茶，显然较宋朝的碾茶又前进了一步。

元代茶饮中，除了民间的散茶继续发展，贡茶仍然沿用团饼之外，在烹煮和调料方面有了新的方式产生，这是蒙古游牧民族的生活方式和汉族人民的生活方式相互影响的结果。

在茶叶饮用时，特别是在朝廷的日常饮用中，茶叶添加辅料，似乎已相当普遍。与加料茶饮相比，汉族文人们的清饮仍然占有相当大的比例。在饮茶方

朝廷 在我国古代，被一些诸侯、王国统领等共同拥戴的最高统领者，从而建立起来的一种统治机构的总称。在这种政治制度下，统领者一般被称为皇帝。朝廷后来指帝王接见大臣和处理政务的地方，也代指帝王。

■ 古代斗茶图

高雅的茶道

赵孟頫（1254年~1322年），字子昂，号松雪，松雪道人，又号水精宫道人、鸥波，汉族，吴兴人。元代著名画家，楷书四大家之一。他博学多才，能诗善文，懂经济，工书法，精绘艺，擅金石，通律吕，解鉴赏。特别是书法和绘画成就最高，开创元代新画风，被称为"元人冠冕"。他的书法以楷、行书著称于世。

式上他们也与蒙古人有很大的差别，他们仍然钟情于茶的本色本味，钟情于古鼎清泉，钟情于幽雅的环境。

如赵孟頫虽仕官元朝，但他画的《斗茶图》中仍然是一派宋朝时的景象。

《斗茶图》中，4位斗茶手分成两组，每组2人。左边斗茶组组长，左手持茶杯，右手持茶壶，昂头望对方。助手在一旁，右手提茶壶，左手持茶杯，两手拉开距离，正在注汤冲茶。右边一组斗茶手也不示弱，准备齐全，每人各有一副茶炉和茶笼，组长右手持茶杯正在品尝茶香。

元代的饮茶方式及器具，主要承袭于宋代，而建元之后，茶礼茶仪仍然在入宋入元的文人僧道之间流传。虽然忽必烈在大都建元之后，有意识地引导蒙古人学习汉族文化，但由于国民的主流喜爱简单直接的冲泡茶叶，于是散茶大兴。

元代茶叶有草茶、末茶之分。王祯《农书》又分作茗茶、本茶与腊茶3种。"腊茶"，也称"蜡面茶"，是建安一带对团茶、饼茶的俗称。

早在宋代时，欧阳修不但证实其时片茶、散茶已各自形成了自己的专门产区和技术中心，并且也清楚指出，早在北宋景祐前后，我国各地的散茶生产，就出现了一个互比相较、竞相发展的局面。

所谓"腊茶出于剑、建，草茶盛于两浙"，前者是指团饼的精品，也即主要就紧压茶的制作技术而言的；后者是指散茶的区域，主要就散茶生产的数量而言的。茗茶显然也是指草茶、散茶。

从这种分法也可见元代散茶发展已超过末茶和腊茶，处于过渡阶段。元初马端临《文献通考》载："茗有片，有散，片者即龙团，旧法；散者则不蒸而干之，如今之茶也。始知南渡之后，茶渐以不蒸为贵矣。"也说明了这种转变趋势。

元代的饮茶呈现出4种不同的类型：

第一种是文人清饮，采茶后杀青、研磨，但不压做成饼，而是直接储存，饮用方式为点茶法，与宋代点饮法区别不大。

第二种为撮泡法，采摘茶叶嫩芽，去青气后拿来煮饮，近似于茶叶原始形态的食用功能。

马端临（约1254年～1323年），字贵舆，号竹洲。我国宋元之际的历史学家，他为谋求治国安民之术，探讨会通因仍之道，讲究变通张弛之故，以杜佑《通典》为蓝本，完成明备精神之作《文献通考》。该书是我国古代典章制度方面的集大成之作，体例别致，史料丰富，内容充实，评论精辟。

■ 古代茶馆

刘禹锡（772年~842年），字梦得，汉族，彭城人，祖籍洛阳，唐朝文学家，哲学家，唐代中晚期著名诗人，有"诗豪"之称。他在政治上主张革新，是王叔文派政治革新活动的中心人物之一。后来永贞革新失败被贬为朗州司马，其间写了著名的"汉寿城春望"。

第三种是调配茶或加料茶，在晒青毛茶中加入胡桃、松实、芝麻、杏、栗等干果一起食用。这种饮茶的方法十分接近后世在闽、粤等客家地区流传的"擂茶"茶俗。

第四种是腊茶，也就是宋代的贡茶"团茶"，但当时数量已减少许多，主要供应宫廷。

元代的饮茶风尚也是饼、散并行，重散轻饼，具有过渡性的特点。腊茶饮法是先用温水微渍，去膏油，以纸裹胆碎，用茶针微灸，然后碾罗煎饮，与宋代相似，但"此品惟充贡献，民间罕见之"。

末茶饮法是"先焙芽令燥，入磨细碾，以供点试"，但"南方虽产茶，而识此法者甚少"。茗茶则是采择嫩芽，先以汤泡去熏气，以汤煎饮之，"今南方多仿此"。

忽思慧也说："清茶，先用水滚过滤净，下茶芽，少时煎成。"可见传统的碾制团饼的饮法到元代

■炒茶工艺

已转入宫廷和上层，而茗茶即散茶饮法则在广大民众中普遍采用。

元代由于散茶的普及流行，茶叶的加工制作开始出现炒青技术。

炒青绿茶自唐代已经有了。唐代诗人刘禹锡《西山兰若试茶歌》中言道："山僧后檐茶数丛……斯须炒成满室香"，又有"自摘至煎俄顷馀"之句，说明嫩叶经过炒制而满室生香，又炒制时间不长，这是关于炒青绿茶最早的文字记载。

■ 炒制好的绿茶

在元代，花茶的加工制作也形成完整系统。汉蒙饮食文化交流，还形成具蒙古特色的饮茶方式，开始出现泡茶方式，即用沸水直接冲泡茶叶。这些为明代炒青散茶的兴起奠定了基础，炒青制法日趋完善。

在元代饮茶简约之风的影响下，元代茶书也难得见到。连当时司农司撰的《农桑辑要》、王祯《农书》和鲁明善《农桑衣食撮要》等书中，有关茶树栽培和茶的制作的记载，也几乎全是采录之词。

不过，元代也有一些关于茶的诗词流传于世。萨都剌于1335年写有一诗，诗曰：

春到人间才十日，东风先过玉川家。
紫微书寄斜封印，黄阁香分上赐茶。

……

萨都剌 （约1307年～1359年），元代诗人、画家、书法家。字天锡，号直斋。回族人，一说是蒙古族。萨都剌善绘画，精书法，尤善楷书。有虎卧龙跳之才，人称燕门才子。他的文学创作，以诗歌为主，后人备极推崇，列为有元一代词人之冠。

洪希文的词《浣溪沙·试茶》，则另有一番情趣，词曰：

独坐书斋日正中，平生三昧试茶功，起看水火自争雄。
势挟怒涛翻急雪，韵胜甘露透香风，晚凉月色照孤松。

这些诗词，展现了一种茶道古风的要义，超落出尘的心境。

元代的文人们，特别是由宋入元的汉族文人，在茶文化的发展历程中，仍然具有突出的贡献。追求清饮，不仅是汉族文人的特色，而且不少蒙古族文人也相当热衷于此道，特别是耶律楚材，他有诗一首，明白地说出了自己的饮茶审美观：

积年不啜建溪茶，心窍黄尘塞五车。
碧玉瓯中思雪浪，黄金碾畔忆雷芽。
……

咏末茶即散茶而碾之的，还有蔡廷秀诗："仙人应爱武夷茶，旋汲新泉煮嫩芽。"李谦亨诗："汲水煮春芽，清烟半如灭。"

元代不到百年的历史使茶具艺术脱离了宋人的崇金贵银、夸豪斗富的误区，进入了一种崇尚自然，返璞归真的茶具艺术境界，这也极大地影响了明代茶具的整体风格。

阅读链接

元代不注重茶马互市，但因平民需要，利益极大，同样榷茶专卖。在建元不足百年期间，我国的疆域空前广阔，辽阔的疆域、多样的民族，促使元代茶业兴旺发达。当时经官方允许的茶叶贸易量是非常大的，而民间为利所趋，走私贸易也当不在少数。随着蒙元帝国的开疆拓土，饮茶之风随之席卷欧亚。

达于极盛的明清茶文化

明清时期，我国茶业出现了较大的变化，唐宋茶业的辉煌，主要是表现在茶学的深入及茶叶加工，特别是贡茶加工技术精深。而明清时期的茶学、茶业及制茶文化，因经过宋元时代发生了很大变化，形成了自身的特色。

1391年，明太祖朱元璋下诏："罢造龙团，惟采茶芽以进。"从此向皇室进贡的是芽叶形的蒸青散茶。

古代制茶工艺

皇室提倡饮用散茶，民间自然效法，并且将煎煮法改为随冲泡随饮用的冲泡法，这是饮茶方法上的一次革新，从此改变了我国千古相沿成习的饮茶方法。

这种冲泡法，对于茶叶加工技术的进步，如改进蒸青技术、产生炒青

方以智（1611年～1671年），明代著名哲学家、科学家。字密之，号曼公，又号鹿起、龙眠愚者等。学识渊博，他一生著述100余部，最出名的是《通雅》和《物理小识》。《物理小识》一书的内容涉及天文、地理、物理、化学、生物、农学、工艺、哲学、艺术等方面。

技术等，少数地方采用了晒青，并开始注意到茶叶的外形美观，把茶揉成条索。所以后来一般饮茶就不再煎煮，而逐渐改为泡茶。

由于泡茶简便、茶类众多，烹点茶叶成为人们一大嗜好，饮茶之风更为普及。

明清时期在原有的基础上，出现了不少新的茶叶生产加工技术。如明末清初方以智《物理小识》中记到"种以多子，稍长即移"。说明在明朝，有些地方除了直播以外，还采用了育苗移栽的方法。

到了康熙年间的《连阳八排风土记》中，已有茶树插枝繁殖技术。此外，在清代闽北一带，对一些名贵的优良茶树品种，还开始采用了压条繁殖的方法。

明清两朝在散茶、叶茶发展的同时，其他茶类也得到了全面发展，包括黑茶、花茶、青茶和红茶等。

青茶，也称乌龙茶，是明清时首先创立于福建的一种半发酵茶类。红茶创始年代和青茶一样，其名最先见于明代初期刘伯温的《多能鄙事》一书。

到了清代以后，随着茶叶外贸发展的需要，红茶由福建很快传到江西、浙江、安徽、湖南、湖北、

■ 明代茶几

云南和四川等省。在福建地区，还形成了工夫小种、白毫、紫毫、选芽、漳芽、兰香和清香等许多名品。

明代品茶方式的更新和发展，突出表现在饮茶艺术性的追求。明代兴起的饮茶冲瀹法，是基于散茶的兴起，散茶容易冲泡，冲饮方便，而且芽叶完整，大大增强了观赏效果。明代人在饮茶中，已经有意识地追求一种自然美和环境美。

■ 彩绘茶盖

明人饮茶艺术性，还表现在追求饮茶环境美，这种环境包括饮茶者的人数和自然环境。当时对饮茶的人数有"一人得神，二人得趣，三人得味，七八人是名施茶"之说，对于自然环境，则最好在清静的山林、俭朴的柴房、清溪、松涛，无喧闹嘈杂之声。

在茶园管理方面，明代在耕作施肥，种植要求上更加精细，在抑制杂草生长上和茶园间种方面，都有独到之处。

此外，明代在掌握茶树生物学特性和茶叶采摘等方面有了较大提高和发展。从制茶技术来看，元人王祯《农书》所载的蒸青技术，虽已完整，但尚粗略，明代时制茶炒青技术发展逐渐超过了蒸青方法。

明代随着制茶工艺技术的改进，各地名茶的发展也很快，品类日见繁多。宋代时的知名散茶寥寥无几，提及的只有日注、双井、顾渚等几种。但是，到

刘伯温 （1311年～1375年），刘基，字伯温，元末明初的军事家、道家、政治家、文学家，明朝的开国元勋，他通经史、晓天文、精兵法。他辅佐朱元璋完成帝业、开创明朝并尽力保持国家的安定，因而驰名天下，被后人比作诸葛亮。在文学史上，刘基与宋濂、高启并称"明初诗文三大家"。

■ 明仇《煮茶论》图

了明代，仅黄一正的《事物绀珠》一书中辑录的"今茶名"就有97种之多，绝大多数属散茶。

明代散茶的兴起，引起冲泡法的改变，原来唐宋模式的茶具也不再适用了，茶壶被广泛应用于百姓的茶饮生活中，明代的茶盏发生了变化，厚粗的黑釉盏退出了茶具舞台，取而代之的是晶莹如玉的白釉盏。

明代戏曲家高濂在他所著的《遵生八笺》里说："茶盏惟宣窑坛盏为最，质厚白莹，样式古雅……次则嘉窑心内茶字小盏为美。欲试茶色贵白，岂容青花乱之。"

除白瓷和青瓷外，明代最为突出的茶具是宜兴的紫砂壶。紫砂茶具不仅因为瀹饮法而兴盛，其形制和材质，更迎合了当时社会所追求的平淡、端庄、质朴、自然、温厚、闲雅等的精神需要。

紫砂茶具始于宋代，到了明代，由于横贯各文化领域溯流的影响，文化人的积极参与和倡导、紫砂制

高濂 明代戏曲作家。字深甫，号瑞南。生活于万历年前后。能诗文，兼通医理，擅养生。高濂爱好广泛，藏书、赏画、论字、侍香、度曲等情趣多样。此外，高濂还有《牡丹花谱》与《兰谱》传世。

造业水平提高和即时冲泡的散茶流行等多种原因，逐渐走上了繁荣之路。

宜兴紫砂茶具的制作，相传始于明代正德年间，当时宜兴东南有座金沙寺，寺中有位被尊为金沙僧的和尚，平生嗜茶，他选取当地产的紫砂细砂，用手捏成圆坯，安上盖、柄、嘴，经窑中焙烧，制成了中国最早的紫砂壶。此后，有个叫供春（又称供龚春、龚春）的家僮跟随主人到金沙寺，他巧仿老僧，学会了制壶技艺，所制壶被称为"供春壶"，视为珍品。供春也被称为紫砂壶真正意义上的鼻祖，第一位制壶大师。

到明万历年间，出现了董翰、赵梁、元畅、时朋"四家"，后又出现时大彬、李仲芳、徐友泉"三大壶中妙手"。当时有许多文人都在宜兴定制紫砂壶，还题刻诗画在壶上，他们的文化品位和艺术鉴赏也直接左右着制壶匠们，如著名书画家董其昌、著名文学家赵宧光等，都在宜兴定制且题刻过。

我国是最早为茶著书立说的国家，明代达到兴盛期，而且形成鲜明特色。明太祖朱元璋第17子朱权于1440年前后编写《茶谱》一书，

清代茶园观戏图

高启（1336年~1374年），字季迪，号槎轩，元末明初著名诗人，与杨基、张羽、徐贲被誉为"吴中四杰"。他的诗清新超拔，雄健豪迈，尤擅长于七言歌行。因他才思俊逸，诗歌多有佳作，为明代最优秀诗人之一。其作品有《高太史大全集》《凫藻集》等。

高雅的茶道

对饮茶之人、饮茶之环境、饮茶之礼仪等作了详细的介绍。

神宗时礼部尚书陆树声在《茶寮记》中，提倡于小园之中，设立茶室，有茶灶、茶炉，窗明几净，颇有远俗雅意，强调的是自然和谐美。

明代张源所著《茶录》中说："造时精，藏时燥，泡时洁。精、燥、洁，茶道尽矣。"这句话简明扼要地阐明了茶道真谛。

明代茶书对茶文化的各个方面加以整理、阐述和开发，创造性和突出贡献在于全面展示明代茶业、茶政空前发展和我国茶文化继往开来的崭新局面，其成果一直影响至今。

明代在茶文化艺术方面的成就也较大，除了茶片、茶画外，还产生众多的茶歌、茶戏，以及反映茶

■古代制茶工艺木雕

农疾苦、讥讽时政的茶诗，如高启的《采茶词》等。

清朝满族祖先本是我国东北地区的游猎民族，肉食为主，进入北京后，不再游猎，而肉食需要消化功效大的茶叶饮料。于是普洱茶、女儿茶、普洱茶膏等，深受帝王、后妃等贵族的喜爱，有的用于泡饮，有的用于熬煮奶茶。

嗜茶如命的乾隆皇帝，一生与茶结缘，品茶鉴水有许多独到之处，也是历代帝王中写作茶诗最多的一个，晚年退位后，在北海镜清斋内专设"焙茶坞"，悠闲品茶。

清代民间大众饮茶方法的讲究表现在很多方面，如"杭俗烹茶，用细茗置茶瓯，以沸汤点之，名为摄泡"。当时，人们泡茶时，茶壶、茶杯要用开水洗涤，并用干净布擦干，茶杯中的茶渣必须先倒掉，然后再斟。闽粤地区民间，嗜饮工夫茶者甚众，故精于此"茶道"之人亦多。

到了清代后期，由于市场上有六大茶类出售，人们不再单饮一种茶类，而是根据各地风俗习惯选用不同茶类，如江浙一带人，大都饮绿茶，北方人喜欢喝花茶或绿茶。

　　清代以来，在我国南方广东、福建等地盛行工夫茶，工夫茶的兴盛也带动了专门的饮茶器具。如铫，是煎水用的水壶，以粤东白泥铫为主，小口瓷腹；茶炉，由细白泥制成，截筒形，高一尺二三寸；茶壶，以紫砂陶为佳，其形圆体扁腹，努嘴曲柄大者可以受水半斤，茶盏、茶盘多为青花瓷或白瓷，茶盏小如核桃，薄如蛋壳，甚为精美。

　　清代特别是清早期，瓷器的发展达到一个历史高峰，除沿烧明代的青花、五彩、斗彩等各种茶具外，还新创粉彩、珐琅彩、仿生釉等名品，瓷器茶具真正进入千家万户，成为一种居家必备的器物。

　　尤其康熙时期始创的盖碗茶具，开了一代先河，沿用后世。盖碗又名"焗盅"，由盖、碗、托三位一体组合而成。盖碗的作用之一是防尘和凝香，其次是止溢和防烫。品茶时，主客左手持托右手拿盖，轻轻拨开浮在茶汤上的茶叶细啜慢品，充分体现了中华茶文化温雅谦和、从容大方的儒家思想精髓。

■喝茶人塑像

清代珐琅茶具

清代的陶瓷茶罐产量也是相当可观，型釉各异、美不胜收。而始见于明万历的茶食拼盆，发展到清代也是丰富多彩，令人叹为观止。

由于茶叶的大量出口及精良的陶瓷烧制技艺，清代的外销瓷茶具数量也相当庞大，图案上带有西洋风格的精美茶具反映了中外交流的文化史。

锡茶具在清代继续使用，涌现出像沈存周、卢葵生、朱坚等制锡高手。锡茶叶罐有防潮、避光等优点，在民间屡见不鲜。

除此之外，竹木牙角各种材质的广泛应用也是清代茶具的特点：如海南椰壳雕、内宫匏制茶具，另外福建的脱胎漆茶具、四川的竹编茶具也很有特色。

清代诗文、歌舞、戏曲等文艺形式百花齐放，其中描绘"茶"的内容很多。在众多小说话本中，茶文

斗彩 又称逗彩，是釉下彩即青花与釉上彩相结合的一种装饰品种。斗彩是预先在高温下烧成的釉下青花瓷器上，用矿物颜料进行二次施彩，填补青花图案留下的空白和涂染青花轮廓线内的空间，然后入小窑经低温烘烤而成。斗彩以其绚丽多彩的色调，沉稳老辣的色彩，形成了一种符合明人审美情趣的装饰风格。

化的内容也得到充分展现。

所谓"一部《红楼梦》，满纸茶叶香"。伟大小说家曹雪芹的《红楼梦》中言及茶的有260多处，咏茶诗词、联句有10多首，它所载形形色色的饮茶方式、丰富多彩的名茶品种、珍奇的古玩茶具、讲究非凡的沏茶用水，是我国历代文学作品中记述和描绘最全面的。它集明后期至清代200多年间各类饮茶文化之大成，形象地再现当时上至皇室官宦、文人学士，下至平民百姓的饮茶风俗。

明清之际，特别是清代，我国的茶馆作为一种平民式的饮茶场所，如雨后春笋，发展很迅速。

清代是我国茶馆的鼎盛时期。据记载，仅北京就有知名的茶馆三十多家。清末，上海更多，有六十多家。在乡镇茶馆的发达也不亚于大城市，如江苏、浙江一带，有的全镇居民只有数千家，而茶馆可以达到百余家之多。

茶馆是我国茶文化中一个很重要的内容，清代茶馆的经营和功能一是饮茶场所，点心饮食兼饮茶；二是听书场所。

再者，茶馆有时也充当"纠纷裁判场所"。"吃讲茶"指的就是邻里乡间发生了各种纠纷后，双方常常邀上主持公道的长者或中间人，至茶馆去评理以求圆满解决。

阅读链接

我国茶文化在经历了唐代初兴、宋代发展、明清鼎盛这三大历史阶段之后，使得"茶"作为日常生活不可缺少的部分。我国古代参禅以茶，慎独以茶，书画以茶，待客以茶，诗酒以茶，清赏以茶……包罗万象，而使得明清瓷器、工艺品与我国茶文化紧密相关，明清时期的茶具，就像百花齐放、争奇斗艳的春天，让中华的茶文化锦上添花、绚烂多彩，成为不可或缺的茶文化载体，完美地呈现我国茶文化的博大精深。

黄山毛峰

　　黄山毛峰产于安徽黄山。黄山是我国景色奇绝的自然风景区，这里气候温和，雨量充沛，土壤肥沃，土层深厚，空气湿度大，日照时间短。在这种特殊条件下，茶树天天沉浸在云蒸霞蔚之中，因此，茶芽格外肥壮，柔软细嫩，叶片肥厚，经久耐泡，香气馥郁，滋味醇甜，成为茶中上品。

　　黄山毛峰是我国著名历史名茶，由于其色、香、味、形俱佳，品质风味独特，被评为全国"十大名茶"之一，我国外交部定为外事活动的礼品茶，享誉中外。

古老黄山孕育茶中仙品

　　黄山脚下的黄山市徽州区富溪乡，祖居着一个庞大的谢氏家族，千百年来，这个家族世世代代在黄山脚下种茶、制茶、卖茶，是一个以茶为生的世袭家族。

　　大约在宋代嘉祐元年，即1056年，谢家族茶人，改变了唐朝制茶技术，独创了一套"炒—揉—烘"的制茶新工艺，从此使我国制茶技术和茶类发展迈向一个新台阶。

　　当时，我国茶叶生产有了很大发展。茶已经与米、盐相同，人家一日不可无也。徽州是当时重要产茶区，其产量约2.3万担，其制茶工序大致为：蒸茶、榨

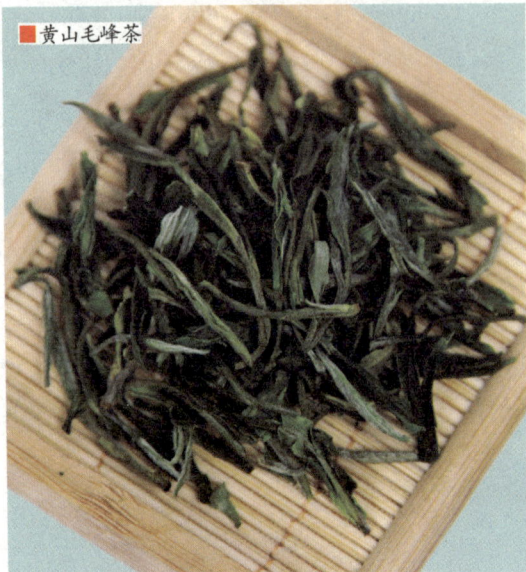

■黄山毛峰茶

古灯茶壶

茶、研茶、造茶、过茶、烘茶六道，成品茶为"蒸青团茶"。这种制茶方法，不但工序复杂，加工量小，而且茶叶香气与滋味也欠佳。由此谢家就发明了一种"先用锅炒茶，再用手或木桶揉茶，最后用烘笼烘茶"的"老谢家茶"制茶技术。

采用这种工艺制茶有三大优点：其一，制茶程序简单，由原来六道改成三道；其二，加工量大，工效比原来提高了三四倍；其三，改变茶叶形状品质，将原来的"团茶"改成了"散茶"，而且这种"散茶"香高味浓，耐冲泡。很快，这种制茶新技术在古徽州传开，茶农纷纷效仿，从而迅速促进了徽州茶叶生产发展。

黄山茶的起源还与僧人有关。常言道："天下名山僧占多。"作为寺庙僧众必不可少的禅茶和礼茶随着佛教的兴盛，其需要量也越来越大，要求茶的质量也越来越高。

宋代的僧人已经知道在饮茶之后坐禅不容易打盹儿，他们在寺院后边的菜园里栽下了几棵小茶树。由于黄山气候湿润，每年一多半的时间，茶树都躲在云雾中，僧人便给这些小树起名为"黄山云雾"。

据说，黄山毛峰最早的前身称"黄山松谷茶"。黄山松谷茶最早产于宋末元初，当时，曾任甘肃天水郡伯的张尹甫，号松谷，因谗毁

古代制茶工艺木雕

官，隐居黄山，在北海的叠嶂峰下建松谷草堂，即为后来的松谷庵，黄山四大丛林之一。

这里两支溪流交汇，草木繁盛，翠竹如海，潭池幽美，且土壤肥沃，适宜种茶。张松谷带发修行，慈善为怀，每日热情接待过往行人，饮茶用水，供应食宿，深得当地人的拥戴。

松谷庵周围的茶园最早由张尹甫辟荒开垦。他医道高明，被誉为"神医"，人们通称他为张真人或黄山真人。由他开垦制作的茶叶滋味醇厚，芳香扑鼻，既为游人止渴解乏，提神去困，更使人口腹满足，心旷神怡。世人称之为黄山松谷茶，这就是最早的黄山毛峰。

黄山毛峰后来还有一个名字，叫"雪岭青"。雪岭青又称歙岭青，在歙县流传着这样一个故事：

明太祖朱元璋1352年率军起义后，曾一度转战徽州屯兵歙岭万岁岭一带。在徽州期间，朱元璋广结贤达，还喝上了由歙人唐仲实呈上的地方名茶"歙岭青"，连赞"雪岭青"，好茶！好名！因歙县方言

"歙"与"雪"同音，朱元璋误把"歙岭青"听成了"雪岭青"，从此"雪岭青"的叫法就传开了。

徽州高士朱升、唐仲实、姚琏也都曾向朱元璋献过建国安都之策。著名的"高筑墙、广积粮、缓称王"九字方针就是朱升提出的。

朱元璋定都南京后，一日行至国子监，有一个厨人进茶。朱元璋品茶后曰："此等好茶，莫不是徽州雪岭青？"厨人闻言答曰："正是。"

原来，这国子监的厨子正是当年朱元璋在徽州期间入伍的歙县歙岭人。朱元璋知情后，不禁感慨万端，于是赏厨人以冠带，封为大明茶事。

当时国子监的一个贡生闻知此事后，不禁吟道："十载寒窗下，何如一碗茶。"朱元璋听到后，幽默地回道："他才不如你，你命不如他。"

明朝天启年间，江南黟县有一个名叫熊开元的县官，后与金声、尹民兴、李占解并称"嘉鱼四才子"。

一日，新任县官熊开元带着身边的书童来黄山春游，不小心迷了路。恰巧遇到了一位腰挎竹篓的老和尚，于是便借宿在寺院之中。

在寺院中，老和尚给熊开元泡茶。熊开元细看这茶，叶色微黄，形似雀舌，身披白毫，开水

■朱元璋画像

朱升（1299年~1370年），字允升，元末明初的军事家、文学家，明代开国谋臣，官至翰林学士。元末被乡举荐为池州学正。避弃官隐石门，学者称枫林先生。后因向朱元璋建议"高筑墙、广积粮、缓称王"被采纳而闻名。

冲泡下去，只见热气绕碗边转了一圈，转到碗中心就直线升腾，约有一尺高，然后又在空中转了一圆圈，化成一朵白莲花。只见这朵"白莲花"又慢慢地上升，化成了一团云雾，最后散成一缕缕热气飘荡开来，顿时满室清香。

熊知县看着惊奇，不禁问老和尚："此茶何名？"

老和尚答道："此茶名叫黄山毛峰。"

临别时，长老赠送此茶一包和黄山泉水一葫芦，并嘱一定要用此泉水冲泡才能出现白莲奇景。熊开元回县衙后，正遇同窗旧友太平知县来访，便将冲泡黄山毛峰表演了一番。太平知县甚是惊喜，后来到京城禀奏皇上，想献仙茶邀功请赏。

皇帝传令进宫表演，然而不见白莲奇景出现，皇上大怒，太平知县只得据实说道乃黟县知县熊开元所献。皇帝立即传令熊开元进宫受审，熊开元进宫后方知未用黄山泉水冲泡之故，讲明缘由后请求回黄山取水。再用黄山水冲泡的茶就出现了白莲，与所说丝毫不差，皇上大喜，重赏了熊开元。

阅读链接

另一个献茶的故事是这样讲的，皇帝命县令熊开元进京表演传闻中的"毛峰白莲"奇观。熊开元只好来到黄山拜求长老，长老将山泉泡毛峰的秘方传授给了他。熊开元在皇帝面前冲泡玉杯中的黄山毛峰，果然出现了白莲奇观。

皇帝看得眉开眼笑，便对熊开元说道："朕念你献茶有功，升你为江南巡抚，三日后就上任去吧。"

熊开元心中感慨万千，暗忖道："黄山名茶尚且品质清高，非山泉不开莲，何况为人呢？"于是脱下官服玉带，来到黄山云谷寺出家做了和尚，法名正志。

在苍松入云、修竹夹道的云谷寺下的路旁，有一檗庵大师墓塔遗址，相传就是正志和尚的坟墓。

天下闻名的黄山毛峰

明代时，黄山的寺庙兴旺，僧众垦地种茶，黄山所产的茶叶也逐渐多了起来。

1616年初，明代大旅行家徐霞客踏着积雪，深入黄山，来到松谷庵。当僧人给他递上一杯芳香沁脾的黄山茶时，他轻呷一口，醇厚浓郁的茶汤顿令他神清气爽。于是在游记中写道："薄海内外，无如徽之黄山，登黄山，观止矣。"言语中饱含了对黄山茶叶的喜爱和赞许之情！

明程信在《游黄山》诗中也写道："烹茶时汲香泉水，燃烛频吹炼丹炉。为问老僧年几许？仙人相见可曾无！"程信不仅见识了泡制礼茶的严格要求，还把祥符寺僧人长寿归

明代陈洪绶画作《品茶图》

高雅的茶道

■ 清代茶馆

程信 （1417年~
1479年），明代
官员。字彦实，
号晴洲钓者，人
称晴洲先生，安
徽休宁人，程敏
政之父。正统七
年进士，授吏科
给事中，后历任
左都御史、巡抚
辽东、大理寺卿
等职，官终兵部
参赞。著有《晴
州钓者集》。

功于饮茶与炼丹。

此外，清人潘来在《皮蓬访雪庄禅师》的诗句中，也提到"梦里披画图，吸涧煮茗芋"。清人吴雯清在《宿文殊院》诗中也提到"客话围炉火，僧茶吸涧泉。"从这些记载中可知，黄山的寺僧和其他地方的寺僧一样，"茶"已成为他们的佛事和生活中重要的一部分。

黄山的佛教至清代日趋衰落，原因有很多。一是战争的破坏，二是水火灾害。文殊院、慈光寺被大火吞没，翠微、祥符寺被大水所毁。这些受战祸和水火毁去寺院的僧众只好流落四方，他们所掌握的黄山云雾茶的制作技艺也随之得到传播。

当时，在县城经商的谢氏家族后人谢正安与其他徽商一样，多年的积蓄财物被抢掠一空。无奈之下，谢正安只好带着妻子父兄回到老家漕溪村。为了重整门户，谢正安带领家人，到离家9千米的深山充头源租山开垦，种粮度日，同时种植茶园。

同治年间，"商务奋兴"，谢正安常在外跑商务，并每年在漕溪挂秤收购春茶，略经加工，然后挑到皖东运漕、柘皋设店销售。

当时徽州的茶叶品种主要是炒青，各县初制的炒青集中运到屯溪精加工包装后外销运出，故命名为"屯溪炒青绿茶"，因与祁门红茶齐名，合称"祁红屯绿"。

屯绿运到广州的路程很长，要从屯溪先装船运到黟县渔亭，然后马帮驮至祁门，再船运至饶州、赣州、南安转韶关到达广州，全程千余里，一般需要两三个月。茶叶运到广州通过"十三行"卖给外商。由于当时茶叶紧俏是卖方市场，故获利一般在三四成以上，徽州茶商争而为之，谢正安复出后大获茶利。

"五口通商"后，上海取代广州成为茶叶主要外贸口岸。上海离屯溪路程短，由屯溪乘木航船只要顺新安江、富春江、钱塘江，两至三天即可经杭州到达上海。这一格局的变化为徽州茶商提供了极大的便利，增强了市场竞争力。

说来也巧，当时谢家的一个亲戚谢光荪在江苏靖江县新沟司衙内任职。于是谢正安又将茶叶从长江水路运到靖江，再到上海闯市场，眼界大开。

1875年，谢正安在漕溪开办"谢裕大茶行"。又在休宁屯溪

毛峰茶

普洱 属于黑茶，因产地属云南普洱府而得名。后世泛指普洱茶区生产的茶，是以公认普洱茶区的云南大叶种晒青毛茶为原料，经过后发酵加工成的散茶和紧压茶，被誉为"可入口的古董"，不同于别的茶贵在新。

高雅的茶道

■茶园

镇和歙县琳村开茶栈设厂加工炒青，同时把茶行的业务扩展到上海、皖北的运漕、拓皋和东北的营口。谢正安在兼并休宁吴家茶庄后，成为徽州六大茶庄之首，古歙四大财主之一。

在激烈的市场竞争中，谢正安敏锐地看到当时屯绿炒青是外销的主要产品，销量一直居于全国绿茶之首。但是他又发现一批地方名茶，如西湖龙井、庐山云雾、云南普洱、信阳毛尖等争相入市。这些名茶的特点：一是上市早，一般在谷雨前后，有先声夺人之势；二是外形美汤色清；三是香味清醇各有特色，为达官贵人和外商器重，由于量少所以利润很大。

为扩大徽茶影响，谢正安决定创制新的名茶，并形成批量生产争夺市场。他首先对徽州地区的传统地方名茶进行调查研究，经过比对筛选，根据地理环境相近，决定对传统历史名茶黄山云雾的生产工艺进行整理恢复。根据黄山云雾茶的生产环境，谢正安在谷

雨前后带人到黄山紫云峰附近的汤口、充川等高山茶园摘取肥壮的新鲜嫩叶。

随后，将采摘的新茶经过"下锅炒、轻滚转、焙生胚，盖上圆簸复老烘"的精心制作，形成别具风格的新茶。

新茶外形似雀舌，匀齐壮实锋显毫露，色为象牙，龟叶金黄。冲泡后，清香高长，汤色清沏，滋味鲜浓、醇厚、甘甜，叶底嫩黄肥壮成朵。

其中金黄片和象牙色是其两大明显特征。黄山毛峰的条索细扁，翠绿之中略泛微黄，色泽油润光亮。尖芽紧偎叶中，形似雀舌，并带有金黄色鱼叶，又称"叶笋"或"金片"，是区别于其他毛峰的特征。叶芽肥壮，均匀整齐，白毫显露，色似象牙。

由于"白毫披身，芽尖似峰"，故先称"毛峰"。后因毛峰产地既属黄山源，又邻近黄山，则称"黄山毛峰"。

为了形成规模生产，谢正安在漕溪茶厂专门生产黄山毛峰，其制作工艺作为谢家秘传。

茶堂内景

谢裕大茶行曾享有"黄山毛峰名震欧洲"之誉，故茶行在上海有永久性门联：

诚招天下客；

誉满谢公楼。

谢正安不仅是"谢裕大茶行"的开创者，而且还是"黄山毛峰"的创始人。

阅读链接

屯溪绿茶简称"屯绿"，又称"眉茶"。屯溪绿茶的集中产区在黄山脚下休宁、歙县、宁国、绩溪四县，以及祁门里的东乡等地。黄山茶乡所产的各种绿茶由屯溪集散、输出，因此，统称"屯溪绿茶"。屯溪绿茶为我国极品名茶之一。主要产地有休宁、歙县、施德、绩溪、宁国等地。因历史上在屯溪加工输出，故名"屯绿"。"屯绿"在明万历年间即在国际市场上崭露头角，1913年已远销欧美各国。曾被誉为"首屈一指的好茶""绿色金子"。

庐山云雾

庐山云雾茶是我国名茶之一，始产于汉代，盛名于唐代，宋代列为贡品。庐山云雾茶芽壮叶肥、白毫显露、色翠汤清、滋味浓厚、香幽如兰。茶似龙井，可是比龙井醇厚；其色金黄像沱茶，又比沱茶清淡，宛如浅绿色碧玉盛在杯中。故以"香馨、味厚、色翠、汤清"而闻名于中外。

庐山云雾茶汤水清淡，宛若碧玉，有"匡庐奇秀甲天下，云雾醇香益寿年"的说法。由于饱受庐山流泉飞瀑的亲润、行云走雾的熏陶，从而形成了独特的醇香品质。

匡庐仙山云雾生美茶

庐山出产的云雾茶，民间流传着一个神奇的传说：

齐天大圣孙悟空在花果山当猴王的时候，常吃仙桃、瓜果、美酒。有一天，他忽然想起要尝尝玉皇大帝和王母娘娘喝过的仙茶，于

■云雾缭绕的庐山

■庐山茶园

是一个跟头就上了天，驾着祥云向下一望，见九洲南国一片碧绿，仔细看时，竟是一片茶树。

此时正值金秋，茶树已结籽，可是孙悟空却不知如何采种。这时，天边飞来了一群多情鸟，见到猴王后便问他要干什么，孙悟空说："俺那花果山虽好但没茶树，想采一些茶籽去，但不知如何采得？"

众鸟听后说："我们帮你采种吧。"说着，多情鸟们展开双翅，来到南国茶园里，一个个地衔了茶籽，往花果山飞去。多情鸟嘴里衔着茶籽，穿云层，越高山，过大河，一直往前飞。

谁知飞过庐山上空时，巍巍庐山胜景把它们深深地吸引住了，领头鸟竟然情不自禁地唱起歌来。领头鸟一唱，其他鸟跟着唱和。茶籽便从它们嘴里掉了下来，都掉进庐山群峰的岩隙之中了。

从此，云雾缭绕的庐山便长出一棵棵茶树，出产清香袭人的云雾茶了。

玉皇大帝 全称"太上开天执符御历含真体道金阙至尊昊天玉皇大帝"，又称"昊天通明宫玉皇大帝""玄穹高上玉皇大帝"，居住在玉清宫。道教认为玉皇为众神之王，神权最大。玉皇大帝除统领天、地、人三界神灵之外，还管理宇宙万物的兴隆衰败、吉凶祸福。

杜牧 （803年～853年），字牧之，号樊川居士，唐代杰出的诗人、散文家，因晚年居长安南樊川别墅，故后世称为"杜樊川"，著有《樊川文集》。杜牧的诗歌以七言绝句著称，内容以咏史抒怀为主，其诗英发俊爽，多切经世之物，成就颇高。

仙山产好茶，庐山云雾茶历史极为悠久，东汉时佛教传入我国后，佛教徒便结舍于庐山。庐山在南北朝时就有众多的寺院，因此唐代大诗人杜牧有诗云："南朝四百八十寺，多少楼台烟雨中。"

当时的僧人众多，为了不在坐禅的时候打瞌睡，就喝茶提神，因此养成了爱喝茶的习惯。当时庐山的梵宫僧院有300多座，僧侣云集。僧侣们攀崖登峰，种茶采茗。

在东晋时，庐山成为佛教的重要中心之一，高僧慧远率领徒众在山上居住30多年，山中也栽有茶树。慧远讲经制茶，还常以自制茶叶接待好友陶渊明，并留下东林寺"虎溪三笑"的传说。

虎溪在庐山东林寺前，相传慧远居东林寺时，养有一虎。慧远有一个习惯就是送客不过溪。一日陶渊明和道士陆修静来访，三个人谈得很投机。在相送时，慧远不觉过溪，这时虎就长啸，于是三人大笑而

■古代雀竹纹银茶壶

■道童献茶图

别。后人于此建三笑亭。

另据《庐山志》载："庐山云雾……初由鸟雀衔种而来，传播于岩隙石罅间，又称钻林茶。"

钻林茶被视为云雾茶中的上品，但由于散生在荆棘横生的灌木丛中，寻觅艰难，不仅衣撕手破，而且量极少。过去，庐山云雾茶的栽培多赖于庐山寺庙的僧人，是他们清苦的汗水培育、浇灌了一茬又一茬的茶树。

关于僧人种植庐山云雾茶，当地还有一个传说：

在庐山五老峰下有一个宿云庵，老和尚憨宗移种野茶为业，在山脚下开了一大片茶园，茶丛长得极为茂盛。

有一年的4月，忽然冰冻3尺，这里的茶叶几乎全被冻死了。浔阳官府派衙役多人，到宿云庵找和尚憨宗，拿着朱票，硬是要买茶叶。憨宗向衙役们百般哀求："这样的天寒地冻，园里哪有茶叶呢？"

后来憨宗被逼得没办法，不得已只得连夜逃走。九江名士廖雨，为和尚憨宗打抱不平，在九江街头到处张贴冤状，题《买茶谣》，对横暴不讲理的官府控诉。官府却不予理睬。

憨宗和尚逃走后，衙役们为了能在惊蛰摘取茶叶，清明节前送京，日夜击鼓擂锣，喊山出茶。每天深夜，把四周的老百姓都喊起来，赶上山，让他们摘茶。竟把憨宗和尚一园的茶叶，连初萌未展的茶芽都一扫而空了。

憨宗和尚满腔苦衷感动了上天。在憨宗悲伤的哭声中，从鹰嘴崖、迁莺石和高耸入云的五老峰巅，忽然飞来了红嘴蓝雀、黄莺、杜鹃、画眉等珍禽异鸟，唱着婉转的歌，不断地从云中飞来。

它们不断地撷取憨宗和尚园圃中隔年散落的一点点茶籽，把茶籽从冰冻的泥土中啄食出来，衔在嘴里，"唰"地飞到云雾中，将茶籽散落在五老峰的岩隙中。很快，岩隙中长起一片翠绿的茶树。

憨宗看得这高山之巅，云雾弥漫中失而复得的好茶园，心里高兴极了。他从心里感谢这些美丽的鸟儿！不久，采茶的季节到了，由于五老峰、大汉阳峰奇峰入云，憨宗实在无法爬上高峰云端去采撷茶叶，只好望着云端清香的野茶兴叹。

正在这时，忽然百鸟朝林，还是那些红嘴蓝雀、黄莺、画眉又从

云雾茶树

■庐山五老峰下的茶园

云中飞过来了，驯服地飞落在他的身边。憨宗把这些美丽的小鸟喂得饱饱的，然后在它们颈上各套一个口袋。这些小鸟飞向五老峰、大汉阳峰的云雾中采茶。

当憨宗抬头仰望高峰云端时，却见仙女翩舞，歌声嘹亮，在云雾中忙着采茶。憨宗真是惊喜万分。之后，这些山中百鸟将采得的鲜茶叶送到憨宗面前，然后经憨宗老和尚的精心揉捻，炒制成茶叶。

因为这种茶叶是庐山百鸟在云雾中播种，又是它们辛苦地从高山云雾中同仙女一起采撷下来的，所以称为"云雾茶"。

阅读链接

庐山北临长江，东毗鄱阳湖，平地拔起，峡谷深幽。由于江湖水汽蒸腾而成云雾，常见云海茫茫，年雾日195天之多。由于山高升温迟缓，候期迟，茶树萌发须在谷雨后，4月下旬至5月初。萌芽期正值雾日最多之时，造就云雾茶独特品质。尤其是五老峰与汉阳峰之间，终日云雾不散，所产之茶为最佳。由于天候条件，云雾茶比其他茶采摘时间晚，一般在谷雨后至立夏之间方开始采摘。以一芽一叶为初展标准，长约3厘米。成品茶外形饱满秀丽，色泽碧嫩光滑，芽隐露。茶汤幽香如兰，耐冲泡，饮后回甘香绵。

文人雅士赞美庐山茶

明代丁云鹏画作《玉川煮茶图轴》

唐代时，庐山茶已经很著名了。当时，文人雅士一度云集庐山，间接地推动了庐山茶叶的发展。

817年3月，当时被贬为江州司马的诗人白居易在庐山香炉峰下东林寺旁筑草堂居住，挖药种茶，很有些闲情逸致，并写下了《重题》一诗：

长松树下小溪头，斑鹿胎巾白布裘。
药圃茶园为产业，野麋林鹤是交游。
云生涧户衣裳润，岚隐山厨火烛幽。
最爱一泉新引得，清泠屈曲绕阶流。

白居易还在著名的《琵琶行》中

写道："老大嫁作商人妇，商人重利轻别离。前月浮梁买茶去，去来江口守空船。"在唐朝末年，浮梁是著名的茶市。

唐代，存初公在《天池寺》诗中写道："爽气荡空尘世少，仙人为我洗茶杯。"由仙人为其洗杯而品香茗，心中何等得意！

僧人齐己在《匡山寓居栖公》中说："树影残阳里，茶香古石楼。"与茶为伴的日子，真的好惬意。

常言道，好茶需要好水来泡。唐朝茶圣陆羽在其著作《茶经》中评天下二十处名泉："庐山康王谷第一，……庐山栖贤寺下石桥潭水第六……"

最好的庐山山泉就是陆羽所说的庐山康王谷谷王洞的泉水。此泉泡茶，茶香清冽，茶汤甘甜。

庐山康王谷又名庐山垄。据《星子县志》记载："昔始皇并六国，楚康王昭为秦将王翦所窘，逃于此，故名。"

白居易（772年~846年），字乐天，号香山居士，又号醉吟先生，唐代伟大的现实主义诗人，与元稹共同倡导新乐府运动，世称"元白"，白居易的诗歌题材广泛，形式多样，语言平易通俗，有"诗魔"和"诗王"之称。与刘禹锡并称"刘白"。

御史 是我国古代一种官名。先秦时期，天子、诸侯、大夫、邑宰皆置，是负责记录的史官、秘书官。国君置御史，自秦朝开始，御史专门为监察性质的官职。三国时，曹魏于殿中省置殿中侍御史，西晋，有督运御史、符节御史、检校御史等。隋唐改检校御史为监察御史，明清，专设监察御史，隶都察院。

康王谷深山有泉，发源于汉阳峰，中道因被岩山所阻，水流呈数百缕细水纷纷散落而下，远望似亮丽晶莹的珠帘悬挂谷中，因名谷帘泉。

"茶神"陆羽对泡茶的水很有研究，他遍游祖国的名山大川，品尝各地的碧水清泉。当年他来到庐山康王谷谷帘泉，品尝泉水之后，赞誉"甘腴清冷，具备诸美""庐山康王谷水帘水第一……"并记入《茶经》中。

在我国民间，还盛传着陆羽一"口"识破假谷帘泉的传说：

陆羽应洪州御史萧瑜之邀前往做客。在闲谈中，萧瑜对陆羽判定谷帘泉为天下第一名泉很不以为然，他说："天下名泉甚多，何以评谷帘泉为第一呢？"

陆羽为了让萧瑜信服，请他命士兵去康王谷汲

取谷帘泉来亲自品评。两天过后，士兵汲水而归，陆羽便亲自以此泉水煎茶。在场的众宾客品茶后频频举盏，连连赞叹，都认为品尝到了佳泉美味。还有人称赞说："鸿渐兄真不愧为评泉高手，谷帘泉果然名不虚传！"

陆羽听后甚为欣喜，当他自己举盏吸了一口，不觉皱眉惊问道："咦！这水恐怕不是谷帘泉吧？"众人闻言全都愣住了。萧瑜急忙把汲水的士兵唤来询问，可那士兵一口咬定是谷帘泉。

正在难以定夺的尴尬时刻，江州刺史张又新赶到。他早就得知陆羽最爱谷帘泉，自己对煮茶也颇感兴趣，于是特地扛了一坛谷帘泉前来助兴。

陆羽便用张又新带来的水煎茶，请众人重新品评。席上很快传来阵阵笑语，纷纷说道："不怕不识

王翦 战国时期秦国名将，关中频阳东乡人，秦代杰出的军事家，主要战绩有破赵国都城邯郸，消灭燕、赵；以秦国绝大部分兵力消灭楚国。他与其子王贲一并成为秦始皇兼灭六国的最大功臣。杰出的军事指挥才能使其与白起、李牧、廉颇并列为战国四大名将。

贡茶精品

庐山云雾

■ 文徵明画作《林榭煎茶图》卷之二

黄庭坚 （1045年～1105年），字鲁直，自号山谷道人，晚号涪翁，又称豫章黄先生。北宋诗人、词人、书法家，为盛极一时的江西诗派开山之祖。他跟杜甫、陈师道和陈与义素有"一祖三宗"之称。诗歌与苏轼并称为"苏黄"；书法与苏轼、米芾、蔡襄并称为"宋代四大家"。

高雅的茶道

■扇面《烹茶图》

货，只怕货比货，这水才无愧于谷帘泉之名。"

此时，一旁的士兵早已经吓得说不出话来了。原来，他当时确实取到了谷帘泉，但在返回途中经过鄱阳湖时，因为风浪甚大，一不小心把满坛的谷帘泉给打翻了。为了不因误时受责，他便汲了一坛鄱阳湖的湖水来交差，不料却被陆羽一"口"识破了。

到了宋代，庐山云雾茶就颇为有名了，并成为朝中贡品。据《庐山志》卷十二载，商云小说《贡茶》中载"宋太平兴国中，庐山例贡茶，然山寒茶恒迟，类市之它邑充贡……"从中可见当时庐山茶的地位。

另据《九江府志》中所记载："……茶出于德安、瑞昌、彭泽，唯庐山所产，味香可啜。该山，尤以云雾茶为最惜，不可多得耳……"可见庐山云雾茶的珍稀。

到宋朝，庐山已有洪州鹤岭茶、洪州双井茶、白露、鹰爪等名茶。这时虽然未明确地见到云雾茶的出现，但从北宋诗人黄庭坚的诗中，隐约可见宋时已有云雾茶了。诗云："我家江南摘云腴，落硙霏霏雪

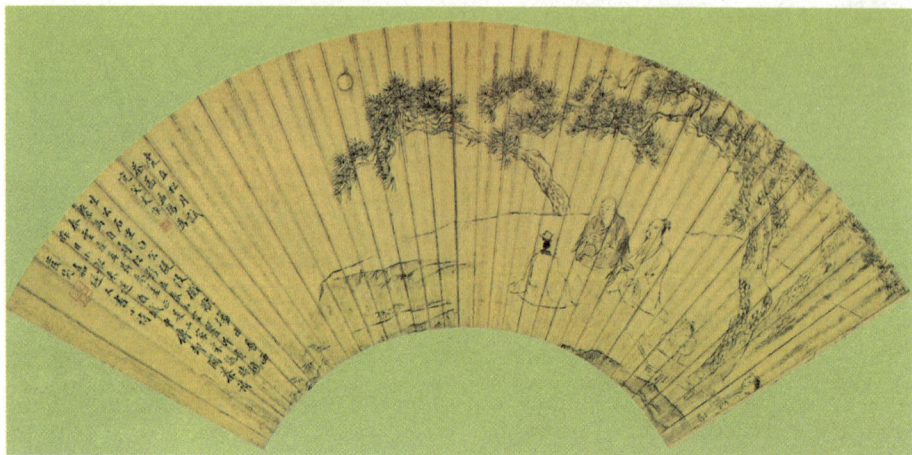

不如。"这里所写的"云腴"是指白而肥润的茶叶;"落磑霏霏雪不如",说明磨中碾成粉末的茶叶,因多白毫,其白胜于雪。

南宋大诗人陆游在《游庐山东林记》中写有:"食已煮观音泉,啜茶。""观音泉"即招贤泉,在招贤寺观音桥东北端桥头。虽经1000多年的沧桑,但仍涓流不息,尤其是观音桥头,石屋内清澈的泉水,映照着"天下第六泉"5个石刻大字,泉水终年不绝。游人至此,无不拿起竹筒,以畅饮为快,饮完抹嘴,顿觉心旷神怡,此水泡茶,其味更佳。

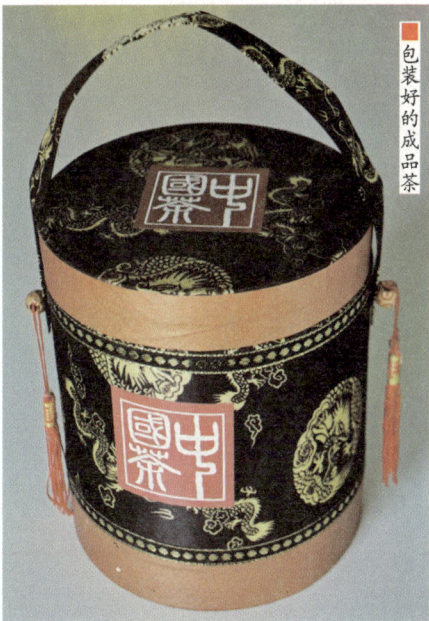
包装好的成品茶

宋戴复古在《庐山》诗中写道:"山灵未许到天池,又作西林一宿期。……暂借蒲团学禅寂,茶烟正绕鬓边丝。"有茶相伴,在茶烟中禅寂,本身就是一种难得的境界。

唐宋时文人雅士登庐山,品云雾,为庐山云雾茶后世得以扬名于天下奠定了基础!

阅读链接

浮梁位于赣东北,公元621年建县,初名新平,公元742年更名为浮梁。当地特产是"一瓷二茶":举世闻名的瓷都景德镇在历史上长期隶属于浮梁县管辖,因而浮梁被誉为"世界瓷都之源";唐代的浮梁茶也曾闻名天下,在敦煌遗书之《茶酒论》和白居易的《琵琶行》中分别留有"浮梁歙州,万国来求"与"商人重利轻别离,前月浮梁买茶去"的美名,于是又被人们赞为"中国名茶之乡"。

庐山云雾有"六绝"

　　明代时，庐山云雾茶被大面积地种植。古称"闻林茶"的庐山茶，从明代起始称"庐山云雾"。自此，"庐山云雾"之名开始出现在明《庐山志》中。

　　明太祖朱元璋曾屯兵庐山天池峰附近。朱元璋登基后，庐山的名望更为显赫。庐山云雾茶正是从明代开始生产，并迅速闻名全国。

《采茶翁图》

　　对于庐山云雾茶的美好，明代文人对之赞誉之情颇多。明万历年间的李日华在《紫桃轩杂缀》中云："匡庐绝顶，产茶在云雾蒸蔚中，极有胜韵。"

　　明王思伍在《游庐山记》

中说："泉以轻妙，茶以白妙，豆叶菜以苦妙。"说明庐山茶以色白，即白毫多为佳。

在明代，有一则僧人追赠茶叶的佳话。诗人蔡毅中在《入楞枷院，慈济追送茶至，喜而赋赠》中云："远出栖贤寺，居然秋色寒。云迷天径小，日落露衣单。磐石留芝草，犁峰种木兰。凤团山上至，一饮可忘年。"诗中的"凤团"，指的就是茶。宋代贡茶也称"龙团""凤饼"。

■ 制茶工艺

明末清初时，庐山云雾茶的产量曾一度减少。这是由于野生的云雾茶生长在高寒的山崖上，产量十分有限。虽然当时庐山许多寺庙都栽种云雾茶，但是由于天气寒冷、保护措施有限等原因，实际上生产出来云雾茶的总量不是很多。

随着清朝政局的稳定，庐山云雾茶逐渐恢复了生气。清人黄宗羲在《匡庐游录》中说：白石庵老僧"一心云，山中无别产，衣食取办于茶，……其在最高者为云雾茶，此间名品也。"说明当时庐山人以茶谋生，买卖云雾茶成为人们获取衣食的重要来源。

古往今来，许多文人雅士喜爱庐山云雾。据说清代有一位学者，为了探求庐山云雾的奥秘，曾在庐山大天池整整观看云海一百天。他对"一起千百里，一盖千百峰"的庐山云雾"爱如性命"，自称"云痴"，恨不得"餐云""眠云"，可见庐山云雾是多

李日华（1565年~1635年），字君实，一字九疑，号竹懒、痴居士等，明代官员、书画家。家有"鹤梦轩""六研斋""紫桃轩"等，作为其收藏书、画之所。藏书数量达数万卷，多为文学及历史类书籍。能书画，并善于鉴别。所作笔记，内容亦多评论书画，笔调清隽，富有小品意致。

■ 古代揉茶机

李绂（1673年～
1750年），字
巨来，号穆堂，
清代著名的政治
家、理学家和诗
文家，是治理学
宗陆王，后被梁
启超称赞为"陆
王派之最后一
人"。他的作品
主要有《穆堂类
稿》《陆子学谱》
《朱子晚年全
论》《阳明学录》
《八旗志书》。

么的令人心醉啊。

清人李绂在《六过庐山记》中说："山中皆种茶，循花径而下至清溪，……僧以所携瓶盘，就桥下吸泉，置石隙间。拾枯枝煮泉，采林间新茶烹之，泉冽茶香，风味佳绝。"可见当时庐山茶业的兴盛。

自古以来，茶与佛有着不解情缘。庐山僧人种茶、饮茶，是一种寄托，一种追求。僧人在种茶的劳作里，品茶的享受中，把自己与庐山山水融为一体，得到的是平和、宁静，进而"专思寂想"。因此，从茶的历史发展来看，茶是茶禅相通的最佳载体。

拥有高品质的云雾茶，不仅要具有理想的生长环境以及优良的茶树品种，还要具有精湛的采制技术。

由于气候条件，云雾茶比其他茶采摘时间晚，一般在谷雨后至立夏之间开园采摘。采摘标准为一芽一叶初展，长度不超过5厘米，剔除紫芽、病虫害叶。

采后摊于阴凉通风处，放置几个时辰后再进行炒制。

庐山云雾茶的加工制作十分精细，手工制作，初制分杀青、抖散、揉捻、炒二青、搓条、拣剔、烤干或烘干等工序，精制去杂、分级、匀堆装箱等工序。

每道工序都有严格的要求，如杀青要保持叶色绿翠；揉捻要用手工轻揉，防止细嫩断碎；翻炒动作要轻。经过一系列制作工序，才能保证云雾茶的品质。

第一道是杀青。主要手法双手抛炒，先抖后闷，抖闷结合，每锅叶量较少，锅温不高，炒至青气散发，茶香透露，叶色由鲜绿转为暗绿，即为适度。

第二道工序是抖散。为了及时散发水分、降低叶温、防止叶色黄变，刚起锅杀青叶置于簸盘内，双手迅速抖散或簸扬十余次，这样可以使香味鲜爽、叶色翠绿、净度提高。

第三道工序是揉捻。一般用双手回转滚揉或推拉滚揉，但用力不能过重，以保毫保尖，当80%成条即为适度。

第四道工序是初干。揉捻叶放在锅中经过初炒，使含水量降至

■ 古代制茶工艺塑像

30%至35%，以抖炒为主。

第五道工序是搓条。搓条是进一步紧结外形散发部分水分。初干叶置于手中，双手掌心相对，四指微曲，上下理条，用力适当，反复搓条，直到条索初步紧结、白毫略为显露即可。

第六道工序是做毫。通过做毫，使茶条进一步紧结，白毫显露，茶叶握在手中，两手压茶并搓茶团，利用掌力使茶索断碎。

第七道工序是再干。锅温上升后，茶叶在锅中不断收堆，不断翻散，至含水量减少到5%至6%，用手捻茶可成粉时即行起锅。再干，手势要轻。干茶起锅后经适当摊放，经过筛分即可。

庐山云雾茶的品质特征为：外形条索紧结重实，饱满秀丽；色泽碧嫩光滑，芽隐绿；香气芬芳、高长、锐鲜；汤色绿而透明；滋味爽快，浓醇鲜甘；叶底嫩绿微黄，鲜明，柔软舒展。

高级的云雾茶条索秀丽，嫩绿多毫，香高味浓，经久耐泡，为绿茶之精品。后世庐山云雾茶已畅销国内外，名扬世界，从昔日的"特供品"到"国礼茶"，向全世界展示着我国十大名茶的无穷魅力。

阅读链接

人们通常用"六绝"来形容庐山云雾茶，即"条索粗壮、青翠多毫、汤色明亮、叶嫩匀齐、香凛持久，醇厚味甘"。云雾茶风味独特，由于受庐山凉爽多雾的气候及日光直射时间短等条件影响，形成其叶厚，毫多，醇甘耐泡。在国际茶叶市场上，庐山云雾茶更是深受欢迎、供不应求的高档商品，"幸饮庐山云雾茶，更识庐山真面目"，这诗一般的赞语，足以说明它的地位和价值。